메가스터디 **중학수학**

1일 1개념 드릴북

2·2

이 책의 활용법

"반복하여 연습하면 자신감이 생깁니다!"

중2-2 필수 개념 52개 각각에 대하여 "1일 1개념"의 2쪽을 공부한 후, "1일 1개념 드릴북"의 2쪽으로 반복 연습합니다.

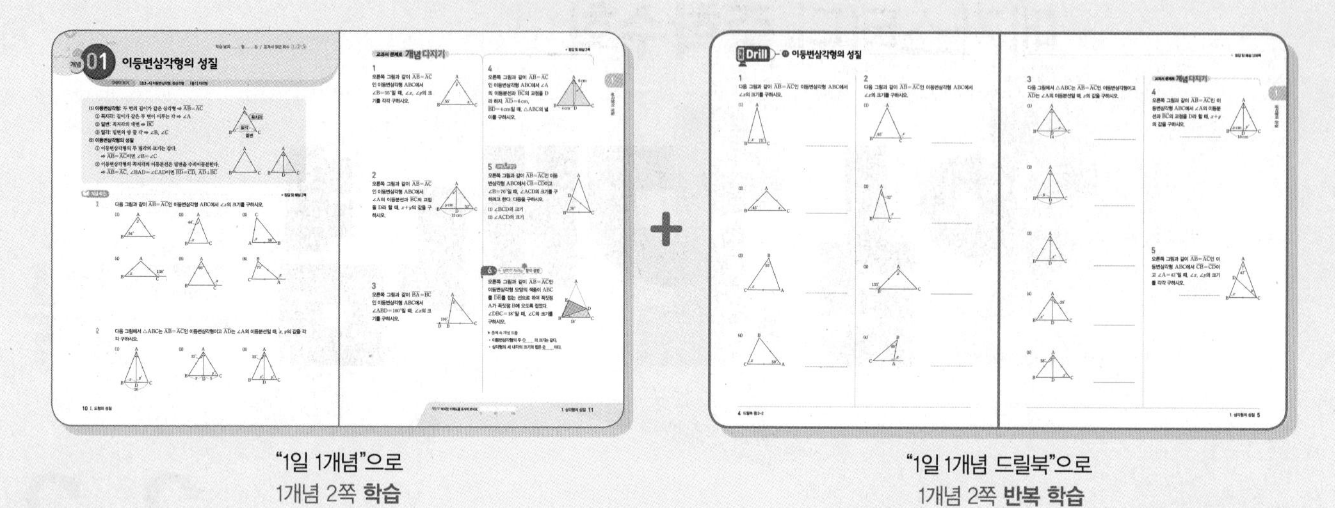

"1일 1개념"으로
1개념 2쪽 **학습**

"1일 1개념 드릴북"으로
1개념 2쪽 **반복 학습**

↓

개념을 더욱 완벽하게!

이런 학생에게 "드릴북"을 추천합니다!

✔ "1일 1개념" 공부를 마친 후, **계산력과 개념 이해력을 더욱 강화**하고 싶다!
✔ "1일 1개념" 공부를 마친 후, 추가 공부할 **나만의 숙제가 필요**하다!

이 책의 차례

스스로 체크하는 학습 달성도

아래의 01, 02, 03, …은 공부한 개념의 번호입니다.
개념에 대한 공부를 마칠 때마다 해당하는 개념의 번호를 색칠하면서 전체 공부할 분량 중 어느 정도를 공부했는지를 스스로 확인해 보세요.

1 삼각형의 성질

01 02 03 04 05 06 07 08 09 10 11

2 사각형의 성질

12 13 14 15 16 17 18 19 20

3 도형의 닮음

21 22 23 24 25 26 27

4 평행선과 선분의 길이의 비

28 29 30 31 32 33 34 35

5 피타고라스 정리

36 37 38 39 40 41

6 확률

42 43 44 45 46 47 48 49 50 51 52

01 이등변삼각형의 성질

1

다음 그림과 같이 $\overline{AB}=\overline{AC}$인 이등변삼각형 ABC에서 $\angle x$의 크기를 구하시오.

(1)

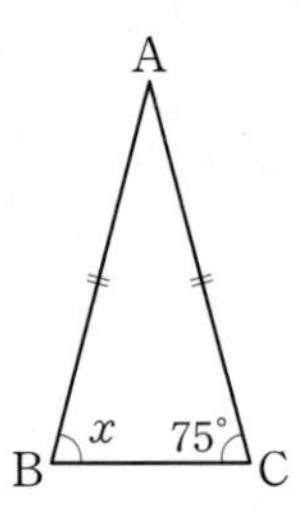

(2)

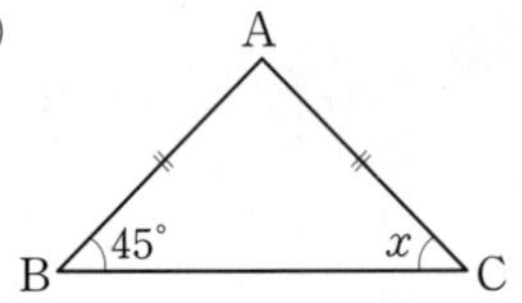

(3)

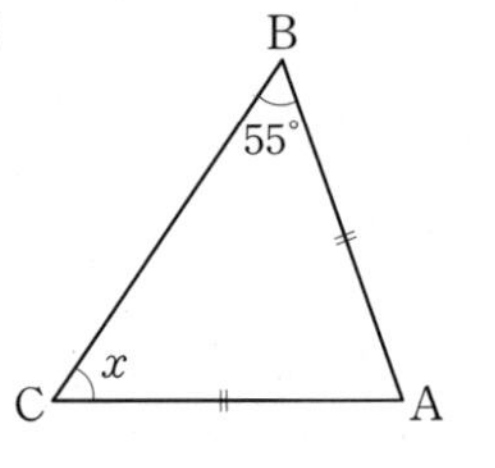

(4)

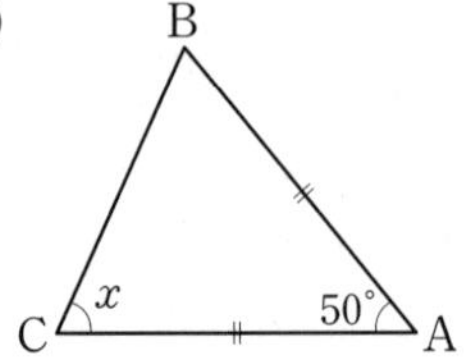

2

다음 그림과 같이 $\overline{AB}=\overline{AC}$인 이등변삼각형 ABC에서 $\angle x$의 크기를 구하시오.

(1)

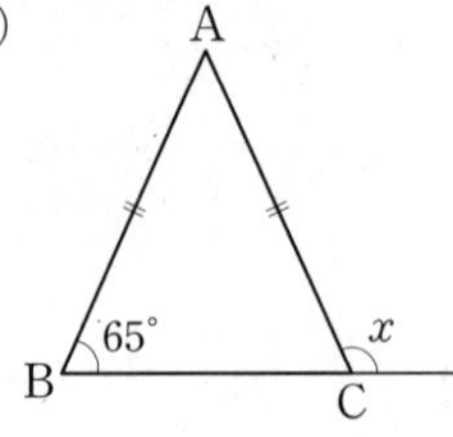

(2)

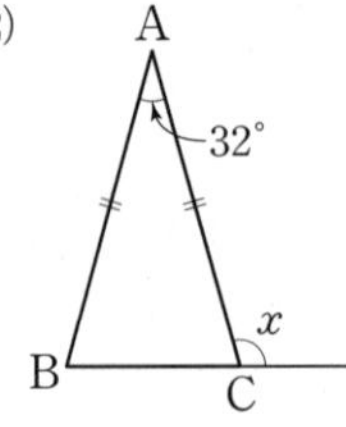

(3)

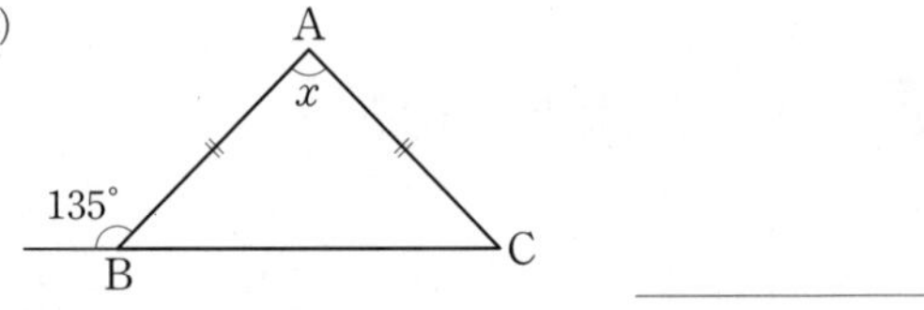

(4)

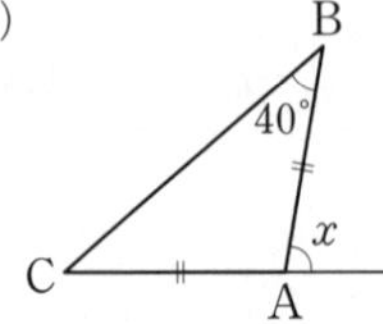

3

다음 그림에서 $\triangle ABC$는 $\overline{AB}=\overline{AC}$인 이등변삼각형이고 $\overline{AD}$는 $\angle A$의 이등분선일 때, x의 값을 구하시오.

(1)

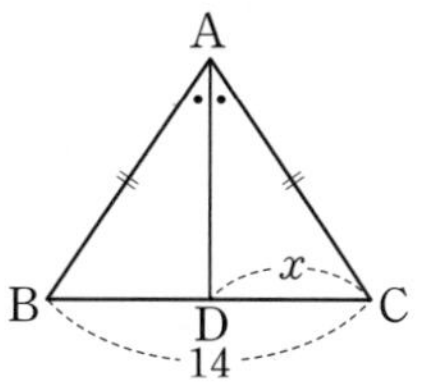

(2)

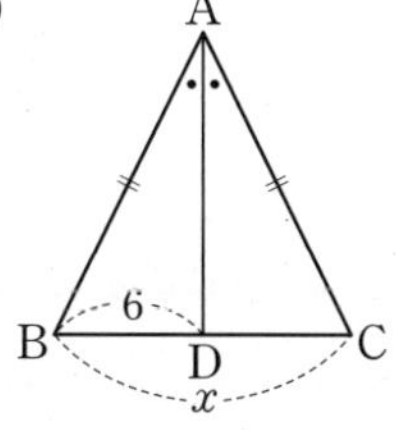

(3)

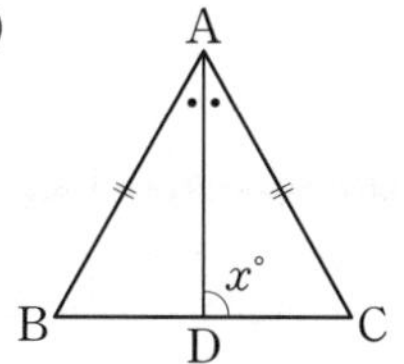

(4)

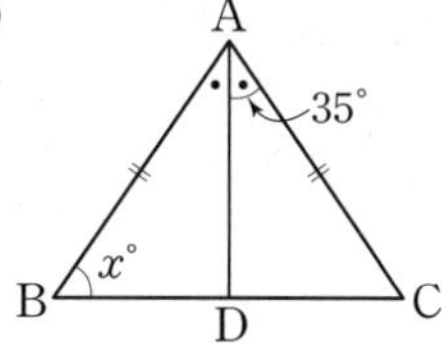

(5)

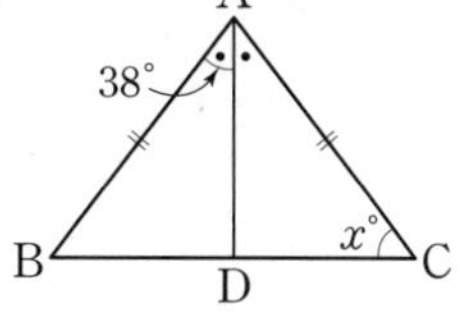

교과서 문제로 **개념 다지기**

4

오른쪽 그림과 같이 $\overline{AB}=\overline{AC}$인 이등변삼각형 ABC에서 $\angle A$의 이등분선과 $\overline{BC}$의 교점을 D라 할 때, $x+y$의 값을 구하시오.

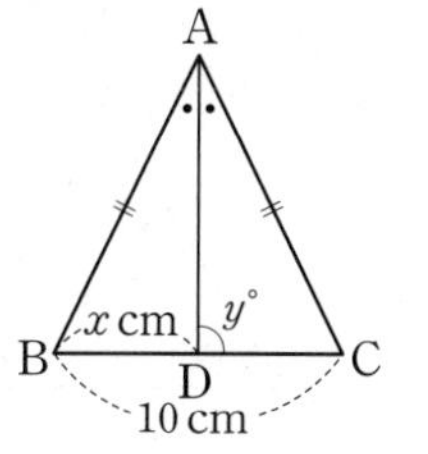

5

오른쪽 그림과 같이 $\overline{AB}=\overline{AC}$인 이등변삼각형 ABC에서 $\overline{CB}=\overline{CD}$이고 $\angle A=42°$일 때, $\angle x$, $\angle y$의 크기를 각각 구하시오.

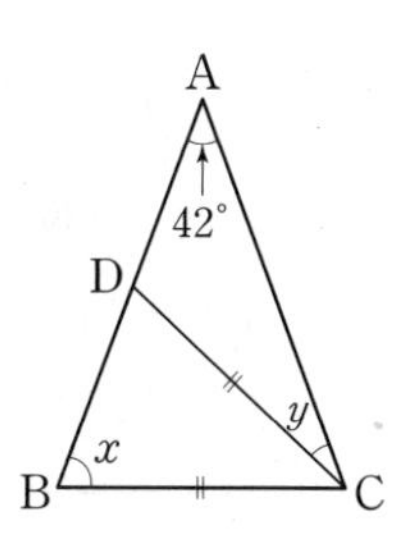

개념 Drill 02 이등변삼각형의 성질의 응용

1

다음 그림과 같이 $\overline{AB}=\overline{AC}$인 이등변삼각형 ABC에서 $\angle x$, $\angle y$의 크기를 각각 구하시오.

(1)

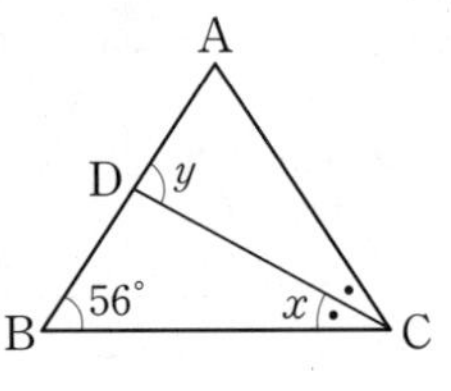

(2)

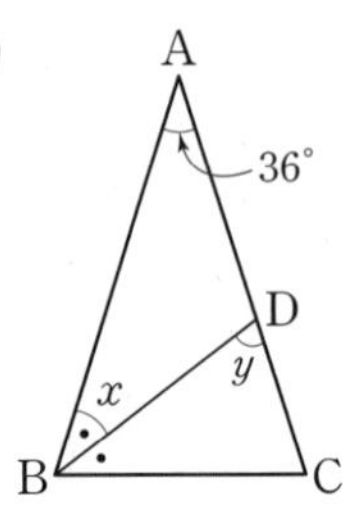

(3)

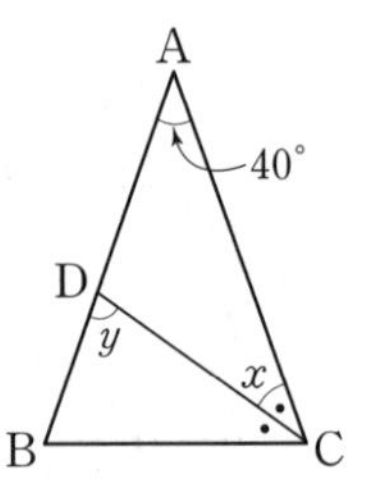

(4)

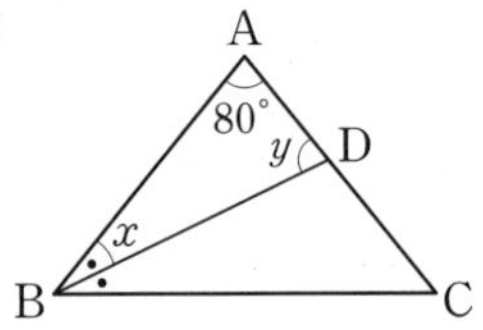

2

다음 그림과 같은 △ABC에서 $\angle x$, $\angle y$의 크기를 각각 구하시오.

(1)

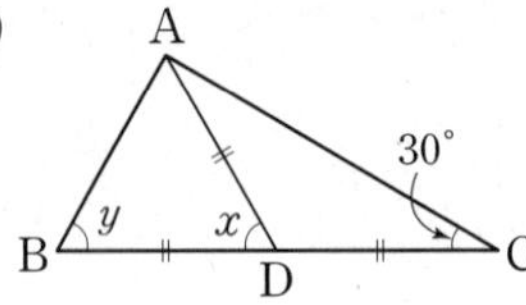

(2)

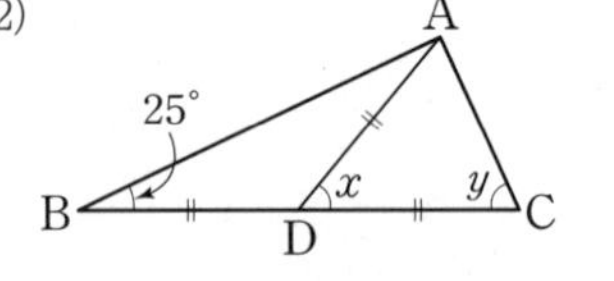

(3)

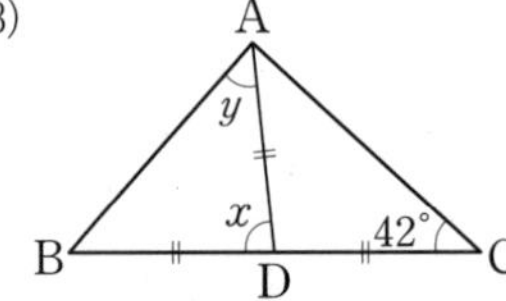

(4)

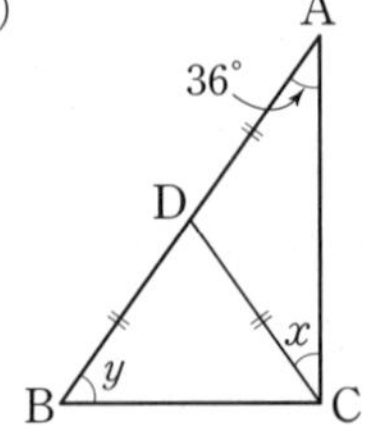

3

다음 그림과 같은 $\triangle ABC$에서 $\angle x$의 크기를 구하시오.

(1)

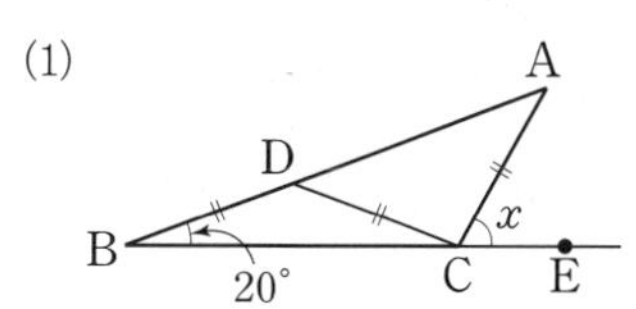

(2)

A
D
B
35°
x
C
E

(3)

A
D
B
28°
x
C

(4)

A
D
114°
B
x
C
E

교과서 문제로 개념 다지기

4

오른쪽 그림과 같이 $\overline{AB}=\overline{AC}$인 이등변삼각형 ABC에서 $\angle B$의 이등분선과 $\overline{AC}$의 교점을 D라 하자. $\angle A=48°$일 때, $\angle BDC$의 크기를 구하시오.

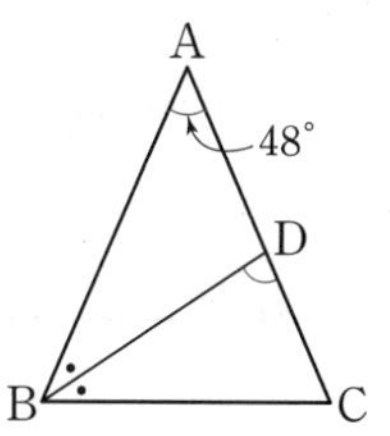

5

오른쪽 그림의 $\triangle ABC$에서 $\overline{AC}=\overline{CD}=\overline{BD}$이고 $\angle ACE=96°$일 때, $\angle x$의 크기를 구하시오.

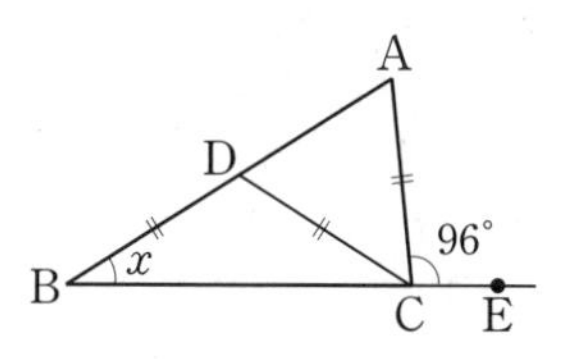

개념 Drill 03 이등변삼각형이 되는 조건

1

다음 그림과 같은 △ABC에서 x의 값을 구하시오.

(1)

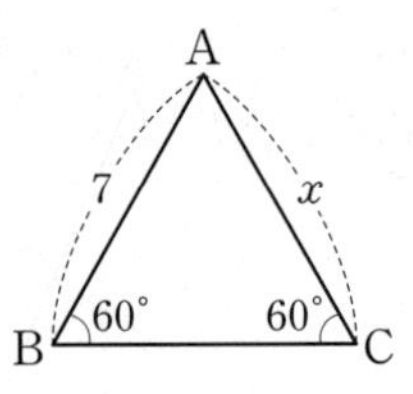

(2)

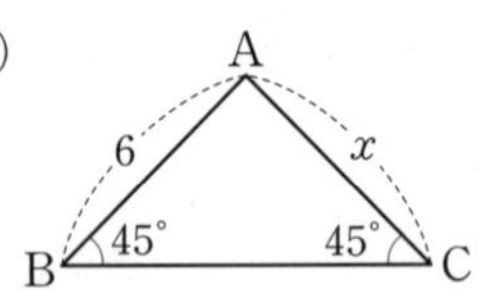

(3)

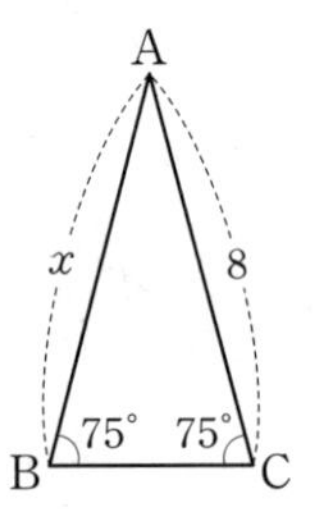

(4)

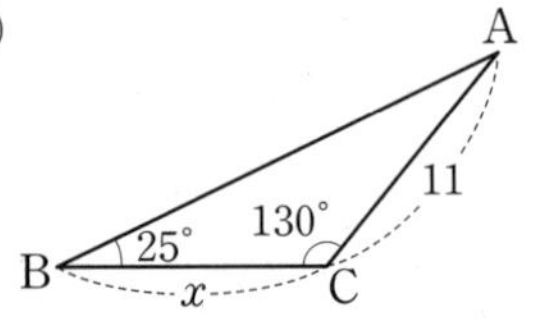

2

다음 그림과 같은 △ABC에서 x의 값을 구하시오.

(1)

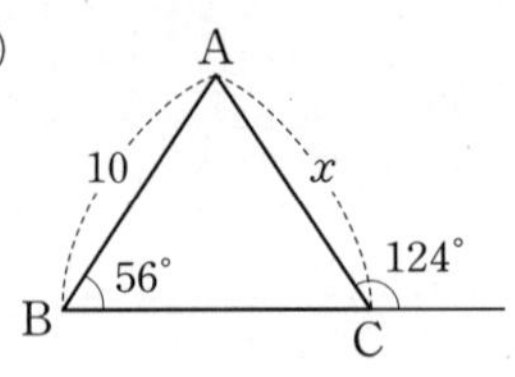

(2)

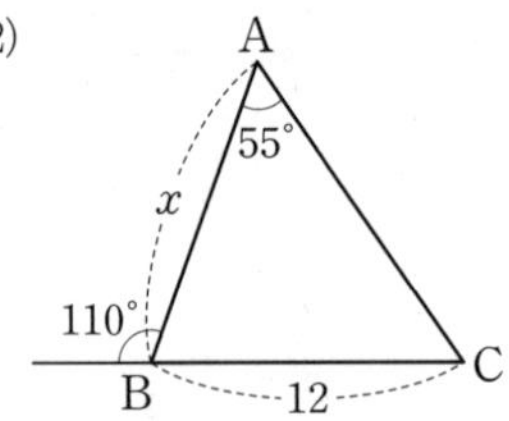

3

다음 그림과 같은 △ABC에서 x의 값을 구하시오.

(1)

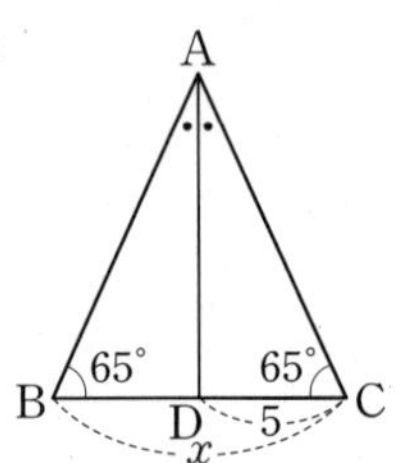

(2)

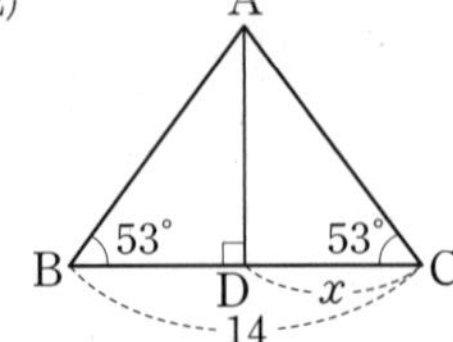

정답 및 해설 108쪽

교과서 문제로 **개념 다지기**

4

오른쪽 그림과 같은 $\triangle ABC$에서 $\angle A=56°$, $\angle B=68°$일 때, x의 값을 구하시오.

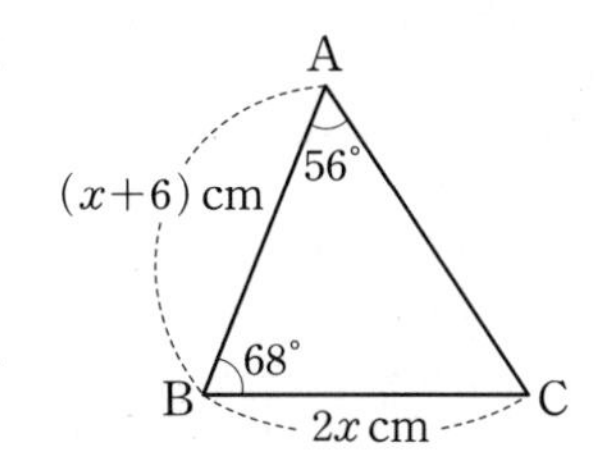

5

오른쪽 그림과 같이 $\overline{AB}=\overline{AC}$인 이등변삼각형 ABC에서 $\angle B$의 이등분선이 $\overline{AC}$와 만나는 점을 D라 하자. $\angle A=36°$일 때, 다음 중 옳지 않은 것을 모두 고르면? (정답 2개)

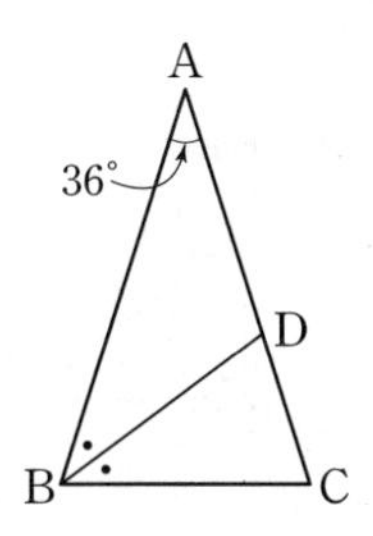

① $\angle ABD=36°$
② $\angle BDC=54°$
③ $\overline{AD}=\overline{BD}=\overline{CD}$
④ $\triangle ABD$는 이등변삼각형이다.
⑤ $\triangle BCD$는 이등변삼각형이다.

6

다음 그림과 같은 $\triangle ABC$에서 x의 값을 구하시오.

(1)

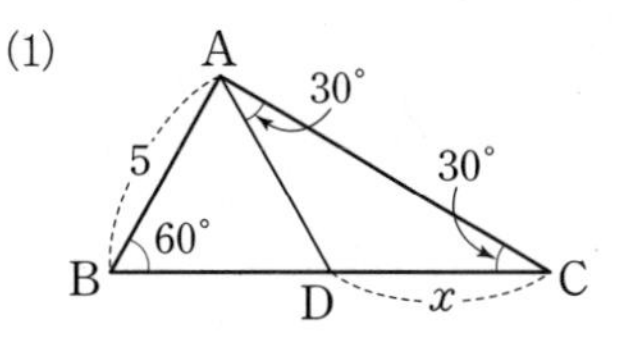

(2)

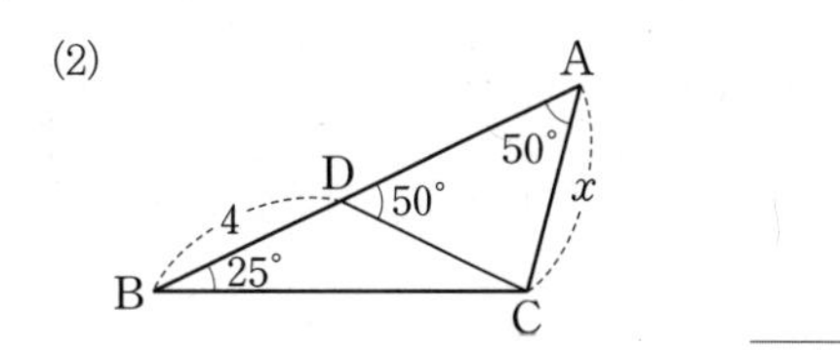

1
삼각형의 성질

04 직각삼각형의 합동 조건

1

다음은 두 직각삼각형 ABC와 DEF가 합동임을 설명하는 과정이다. □ 안에 알맞은 것을 쓰시오.

(1)

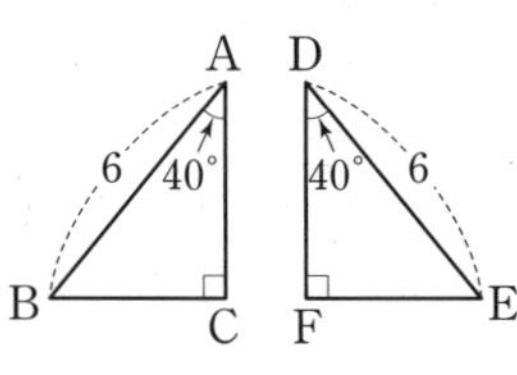

△ABC와 △DEF에서

$\angle C=\angle F=$ □, $\overline{AB}=$ □,

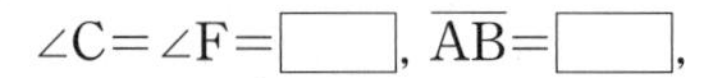

$\angle A=$ □

∴ △ABC≡△DEF(□ 합동)

(2)

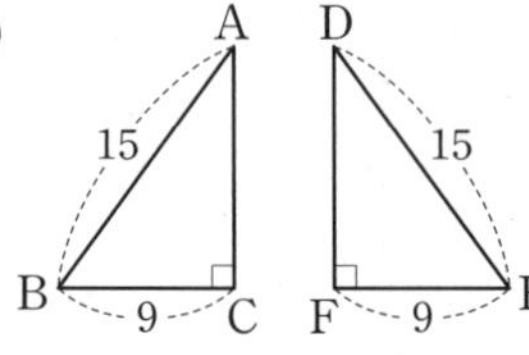

△ABC와 △DEF에서

$\angle C=\angle F=$ □, $\overline{AB}=$ □,

$\overline{BC}=$ □

∴ △ABC≡△DEF(□ 합동)

2

다음 그림과 같은 두 직각삼각형이 합동임을 기호를 사용하여 나타내고, 합동 조건을 말하시오.

(1)

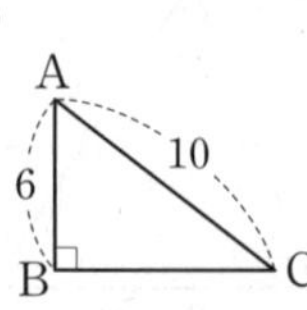

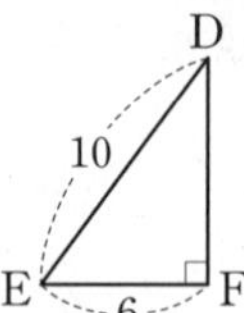

____

(2)

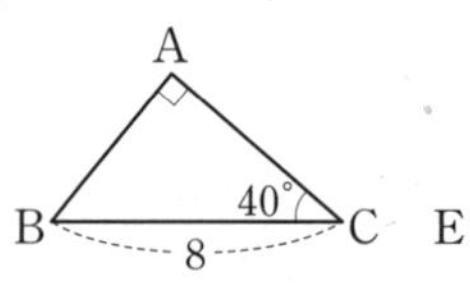

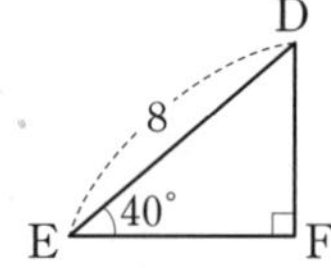

____

(3)

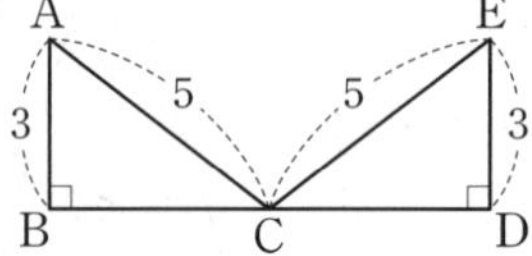

____

(4)

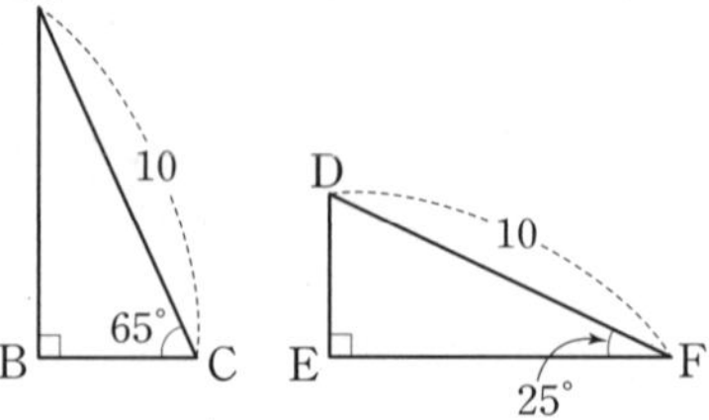

____

3

다음 그림과 같은 두 직각삼각형에서 x의 값을 구하시오.

(1)

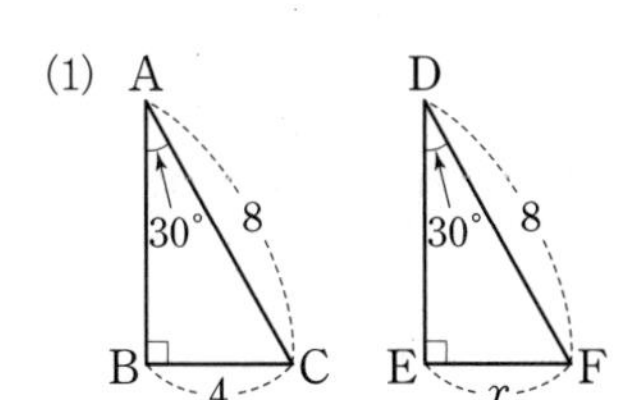

(2)

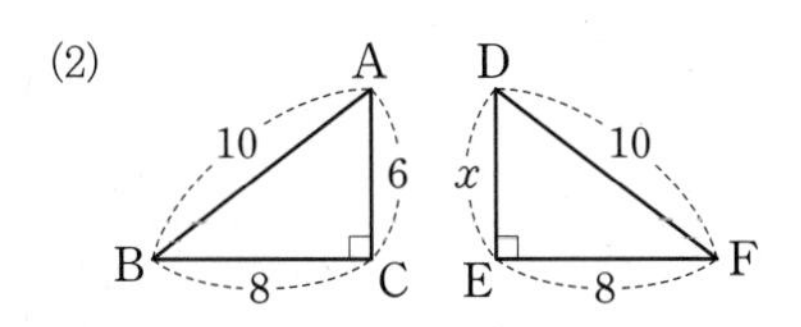

(3)

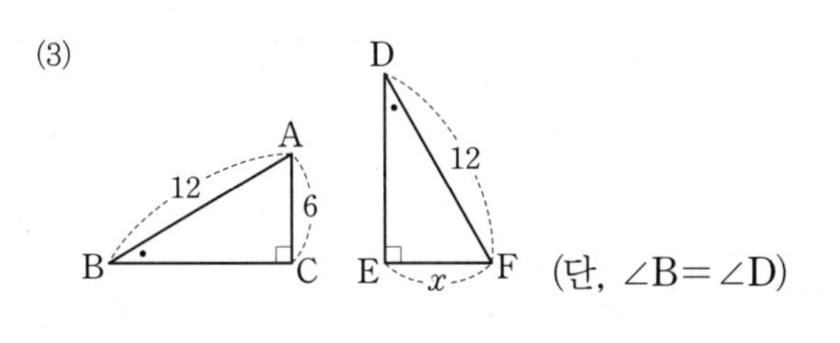

(단, $\angle B=\angle D$)

(4)

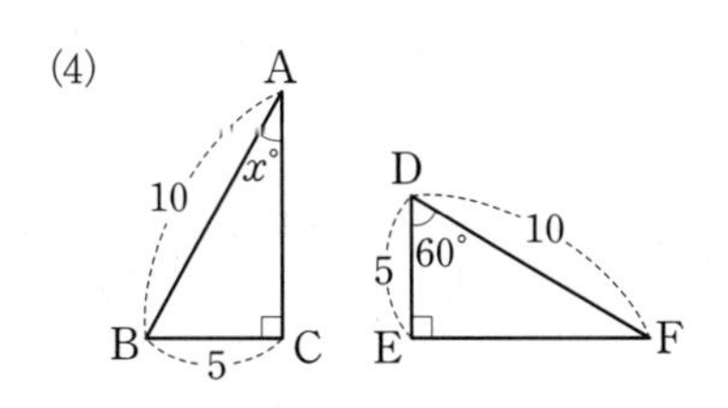

교과서 문제로 개념 다지기

4

다음 | 보기 |에서 합동인 두 삼각형을 모두 찾고, 그 합동 조건을 말하시오.

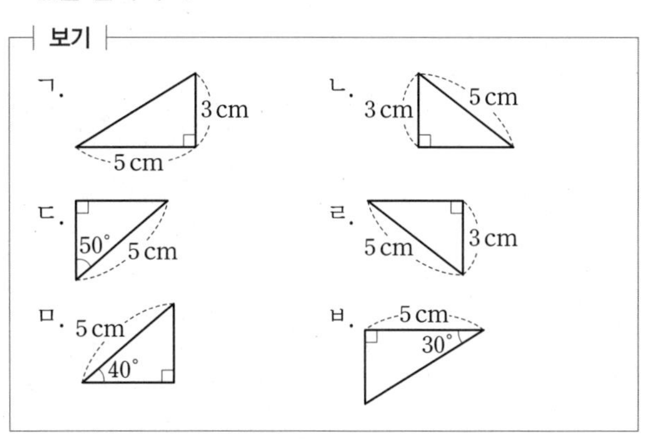

5

다음 그림과 같이 $\angle C=90°$인 직각삼각형 ABC에서 $\overline{AD}=\overline{AC}$이고 $\angle ADE=90°$이다. $\overline{CE}=2\,\text{cm}$일 때, $\overline{DE}$의 길이를 구하시오.

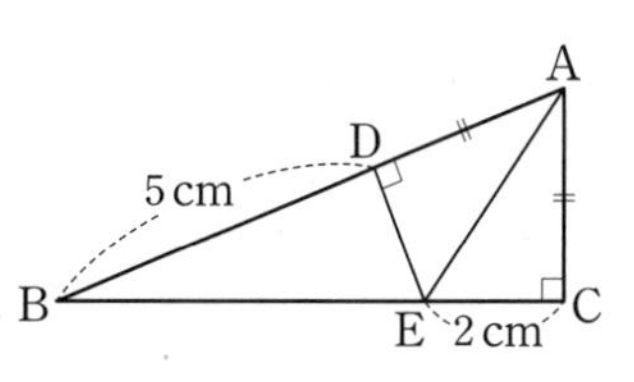

05 직각삼각형의 합동 조건의 응용 – 각의 이등분선

1

다음 그림에서 x의 값을 구하시오.

(1)

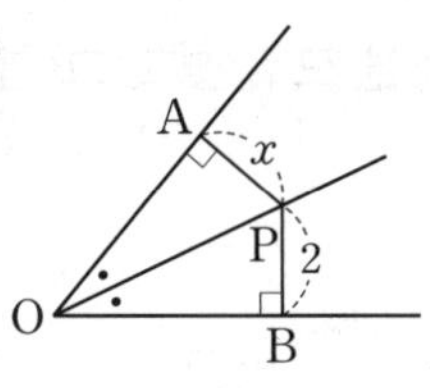

(2)

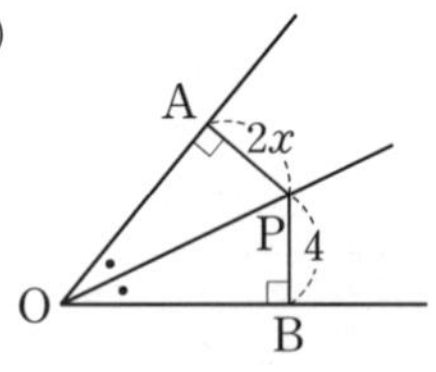

(3)

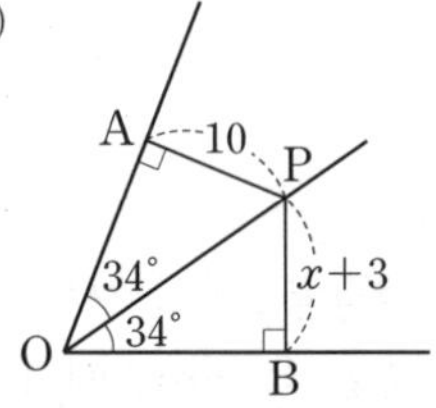

(4)

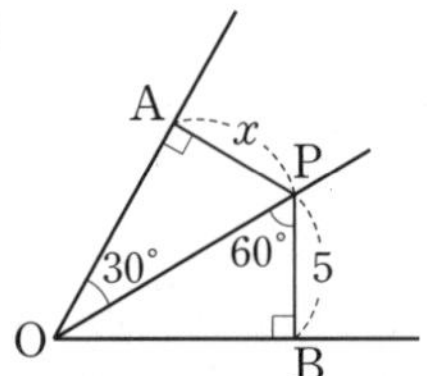

2

다음 그림에서 $\angle x$의 크기를 구하시오.

(1)

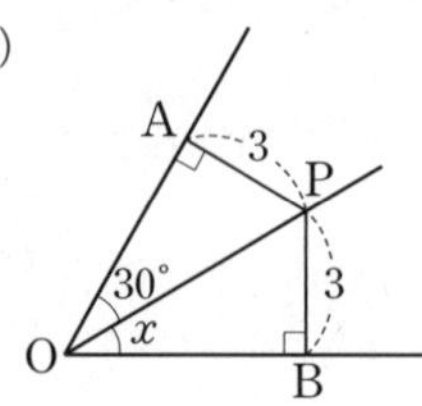

(2)

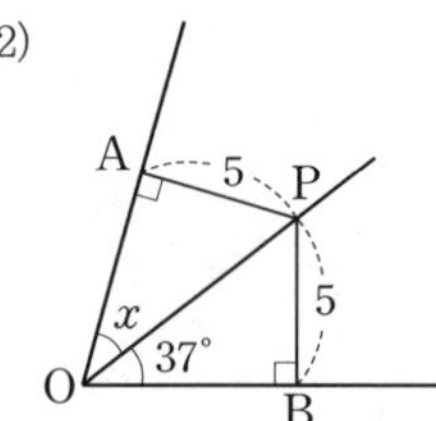

(3)

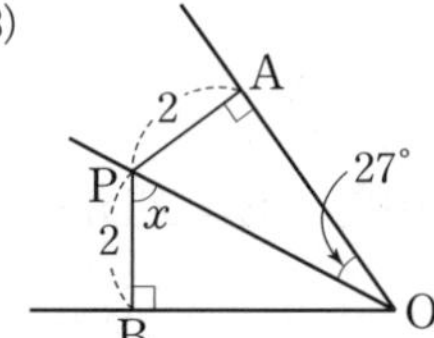

(4)

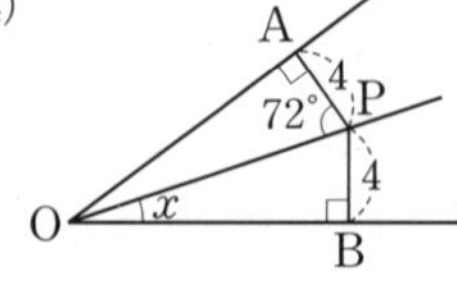

3

아래 그림에서 $\overline{OX}\perp\overline{PA}$, $\overline{OY}\perp\overline{PB}$이고 $\angle XOP=\angle YOP$일 때, 다음 중 옳은 것은 ○표, 옳지 않은 것은 ×표를 (   ) 안에 쓰시오.

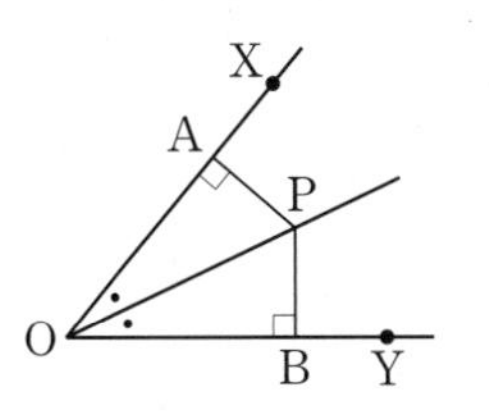

(1) $\angle OPA=\angle OPB$ (   )

(2) $\overline{PA}=\overline{PB}$ (   )

(3) $\overline{OB}=\overline{OP}$ (   )

(4) $\overline{OA}=\overline{OB}$ (   )

(5) $\triangle AOP\equiv\triangle BOP$ (   )

(6) $\angle AOB=\angle APB$ (   )

(7) $\angle AOP=\angle OPB$ (   )

교과서 문제로 개념 다지기

4

다음 그림에서 $\angle PAO=\angle PBO=90^\circ$이고 $\overline{PA}=\overline{PB}=4\,cm$, $\overline{OB}=10\,cm$일 때, $x-y$의 값을 구하시오.

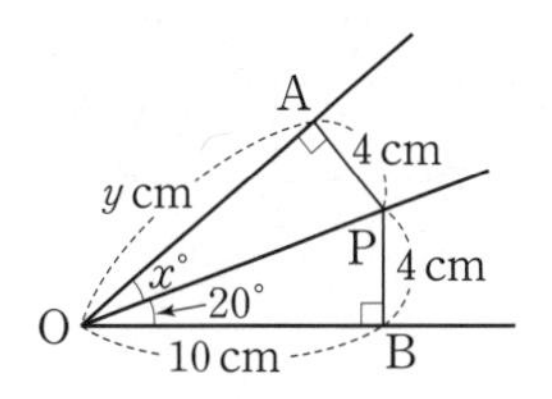

5

오른쪽 그림과 같이 $\angle B=90^\circ$인 직각삼각형 ABC에서 $\angle A$의 이등분선이 $\overline{BC}$와 만나는 점을 D, 점 D에서 $\overline{AC}$에 내린 수선의 발을 E라 할 때, $\triangle ADE$의 넓이를 구하시오.

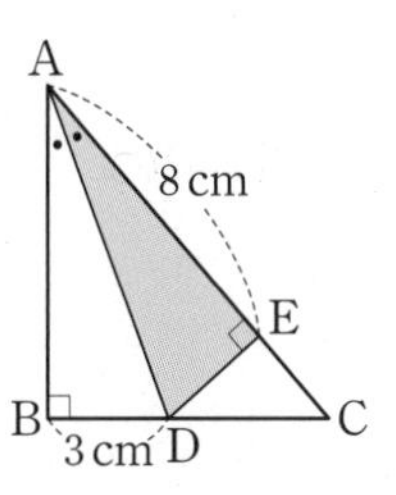

개념 Drill 06 삼각형의 외심

1

아래 그림에서 점 O가 $\triangle ABC$의 외심일 때, 다음 중 옳은 것은 ○표, 옳지 않은 것은 ×표를 (　　) 안에 쓰시오.

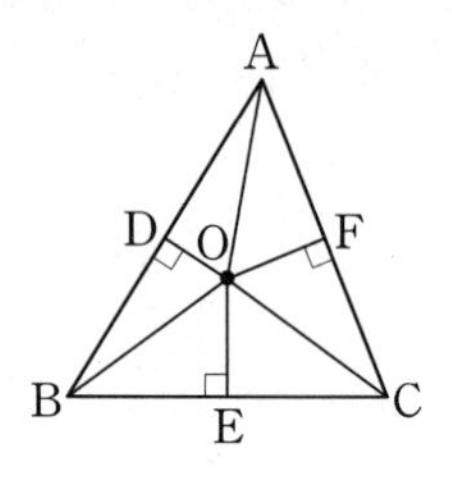

(1) $\overline{OA}=\overline{OB}$ (　　)

(2) $\overline{OE}=\overline{OF}$ (　　)

(3) $\angle DAO=\angle FAO$ (　　)

(4) $\overline{BE}=\overline{EC}$ (　　)

(5) $\overline{AD}=\overline{AF}$ (　　)

(6) $\triangle OAD\equiv\triangle OBD$ (　　)

2

다음 그림에서 점 O가 $\triangle ABC$의 외심일 때, x의 값을 구하시오.

(1)

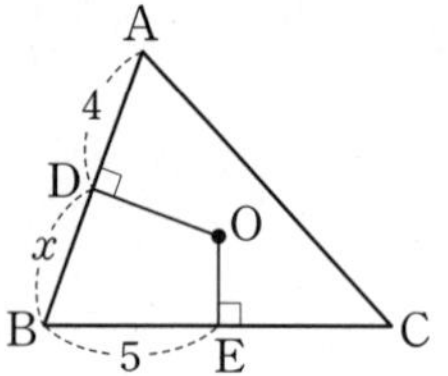

(2)

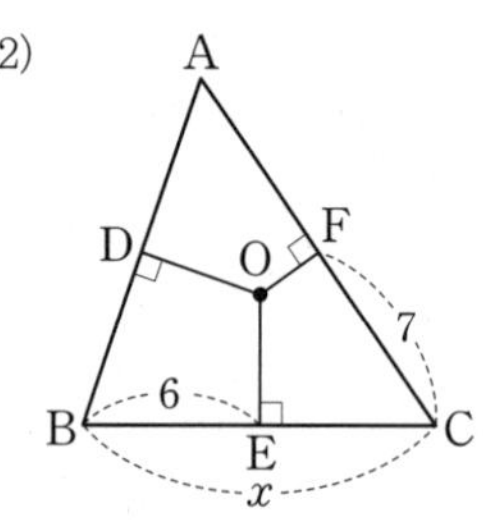

(3)

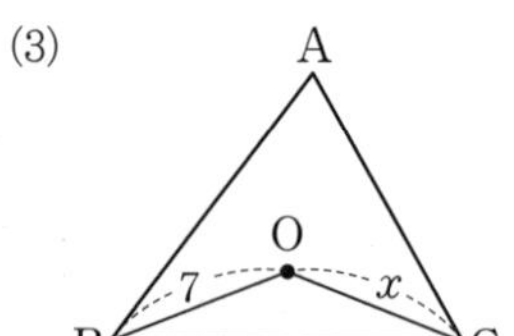

(4)

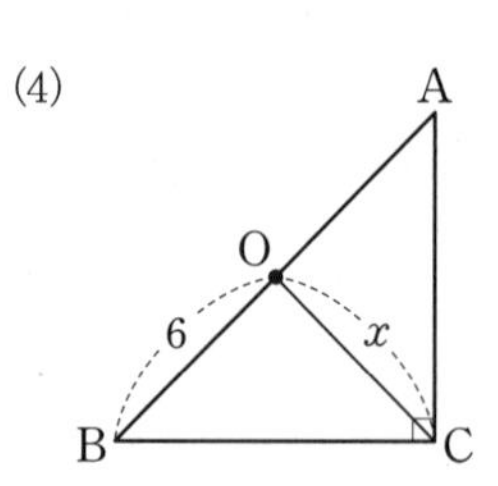

(5)

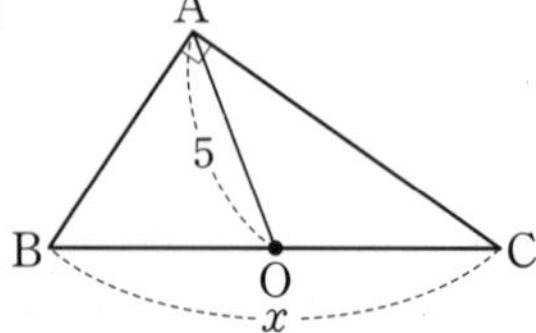

3

다음 그림에서 점 O가 $\triangle ABC$의 외심일 때, $\angle x$의 크기를 구하시오.

(1)

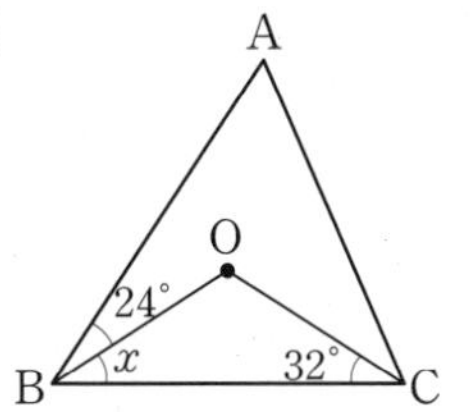

(2)

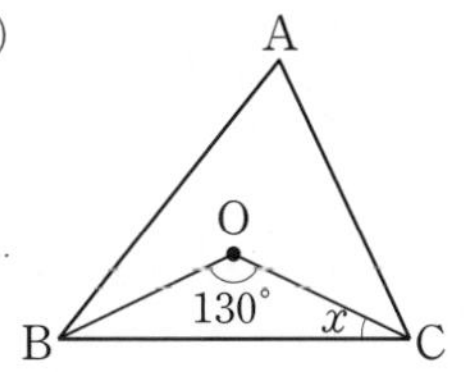

(3)

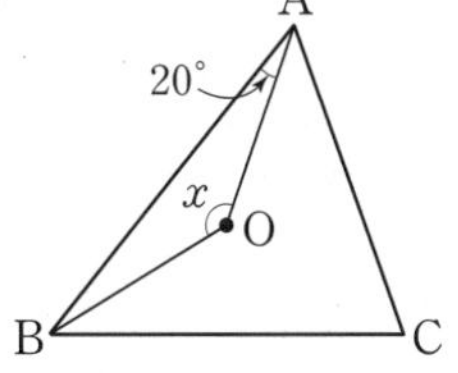

(4)

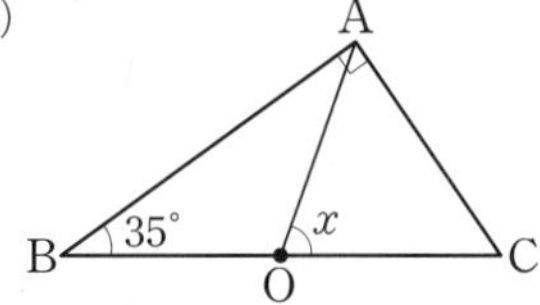

(5)

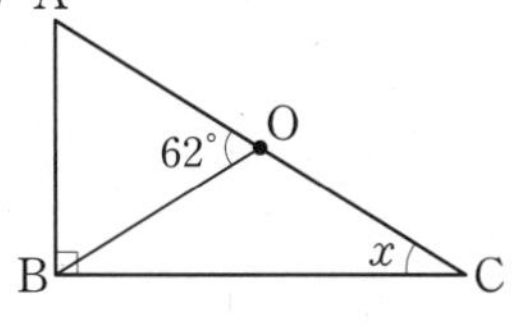

교과서 문제로 **개념 다지기**

4

오른쪽 그림에서 점 O가 $\triangle ABC$의 두 변 AC, BC의 수직이등분선의 교점일 때, 다음 중 옳지 않은 것은?

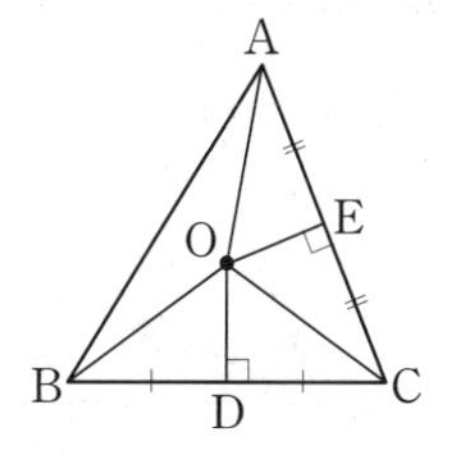

① $\overline{OA}=\overline{OB}=\overline{OC}$
② $\overline{OD}=\overline{OE}$
③ $\triangle AOE \equiv \triangle COE$
④ $\triangle OBC$는 이등변삼각형이다.
⑤ 점 O는 $\triangle ABC$의 외심이다.

5

오른쪽 그림에서 점 O는 $\angle B=90°$인 직각삼각형 ABC의 외심이다. $\overline{AB}=6\,cm$, $\overline{BC}=8\,cm$, $\overline{AC}=10\,cm$일 때, $\triangle ABC$의 외접원의 넓이를 구하시오.

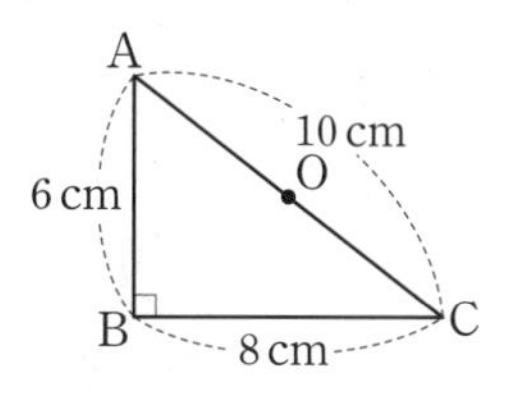

개념 Drill 07 삼각형의 외심의 응용

1

다음 그림에서 점 O가 $\triangle ABC$의 외심일 때, $\angle x$의 크기를 구하시오.

(1)

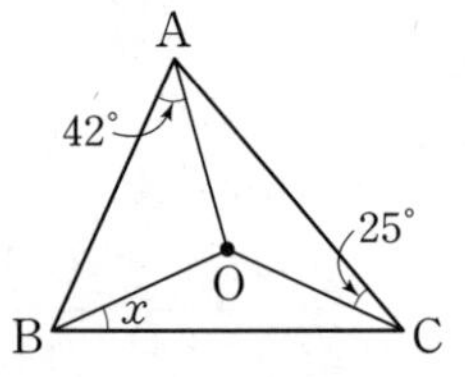

(2)

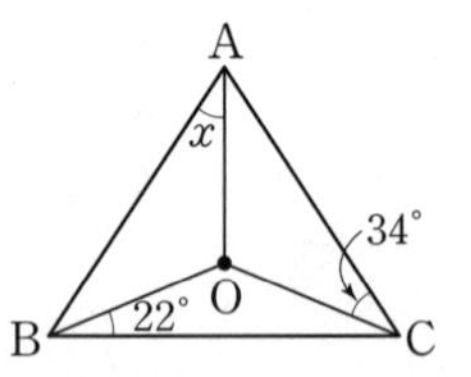

(3)

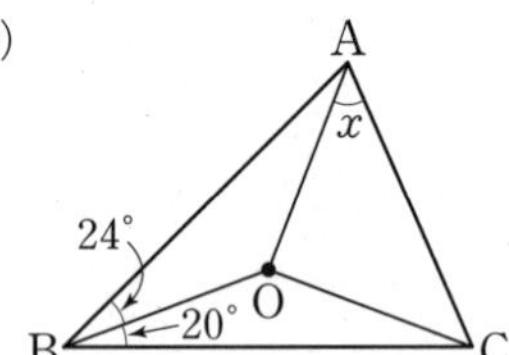

(4)

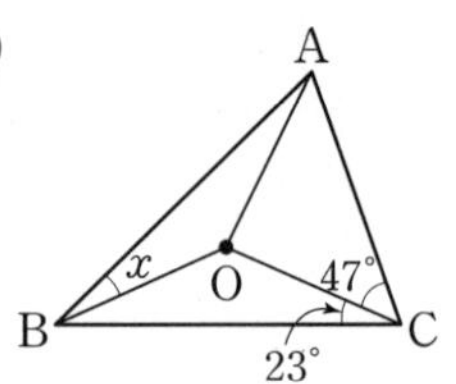

(5)

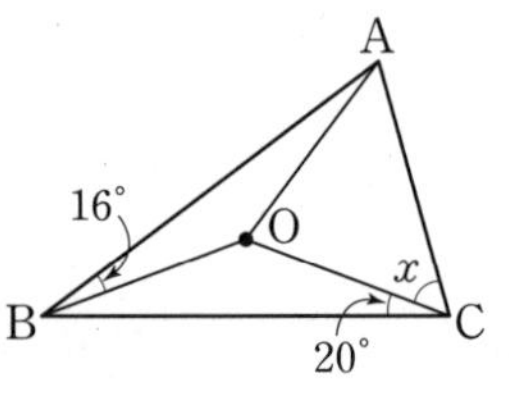

2

다음 그림에서 점 O가 $\triangle ABC$의 외심일 때, $\angle x$의 크기를 구하시오.

(1)

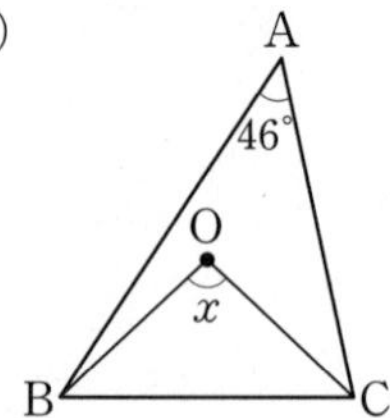

(2)

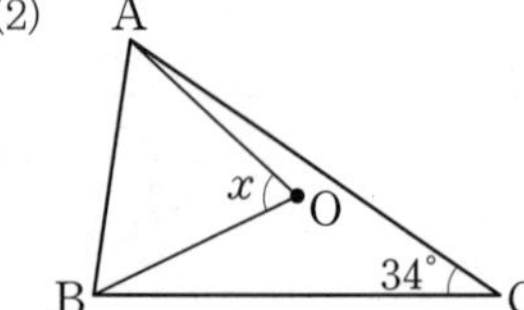

(3)

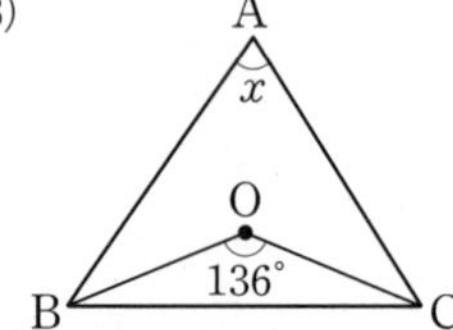

(4)

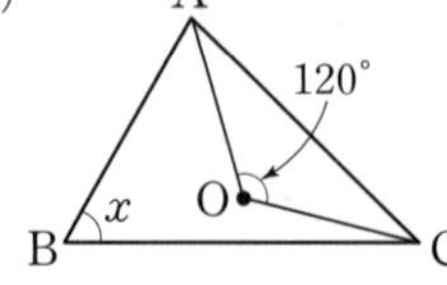

3

다음 그림에서 점 O가 $\triangle ABC$의 외심일 때, $\angle x$의 크기를 구하시오.

(1)

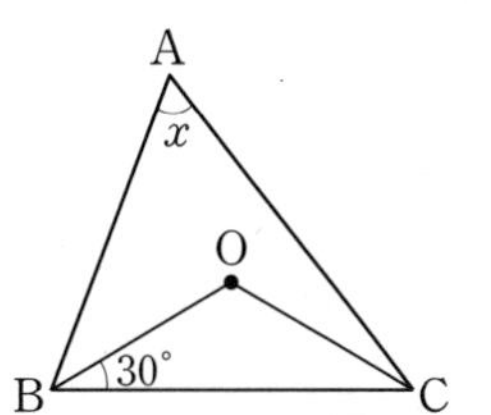

(2)

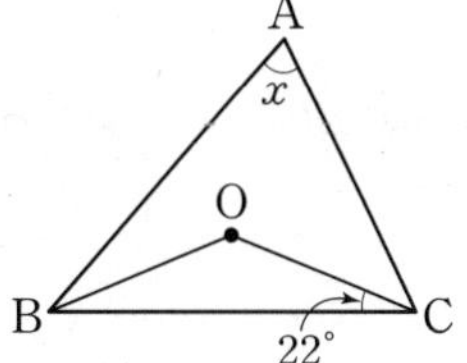

(3)

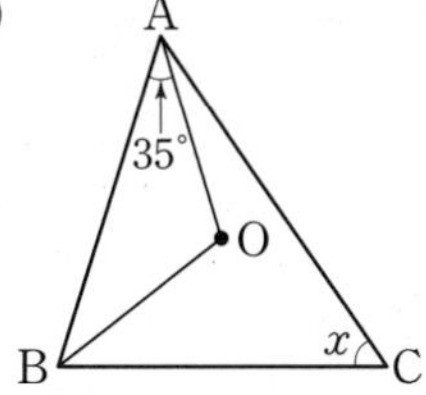

(4)

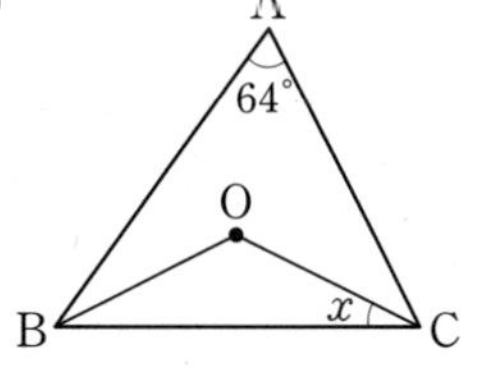

교과서 문제로 **개념 다지기**

4

오른쪽 그림에서 점 O는 $\triangle ABC$의 외심이다. $\angle ABO = 42°$, $\angle OCB = 18°$일 때, $\angle AOC$의 크기를 구하시오.

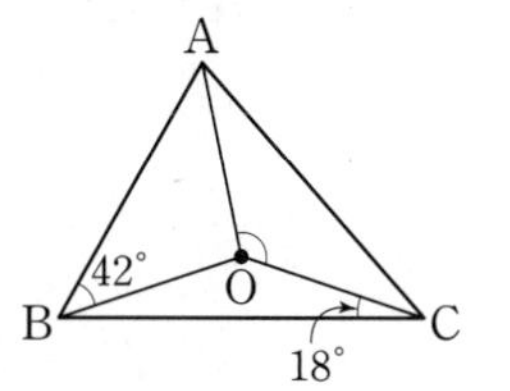

5

오른쪽 그림에서 점 O는 $\triangle ABC$의 외심이다. $\angle ABO = 35°$, $\angle OCB = 25°$일 때, $\angle BAC$의 크기를 구하시오.

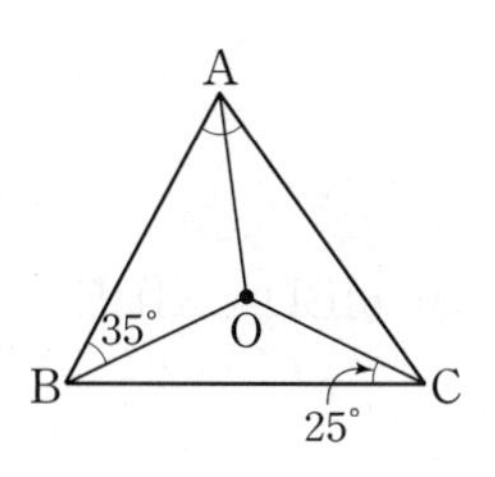

08 삼각형의 내심

1

아래 그림에서 점 I가 △ABC의 내심일 때, 다음 중 옳은 것은 ○표, 옳지 않은 것은 ×표를 (　　) 안에 쓰시오.

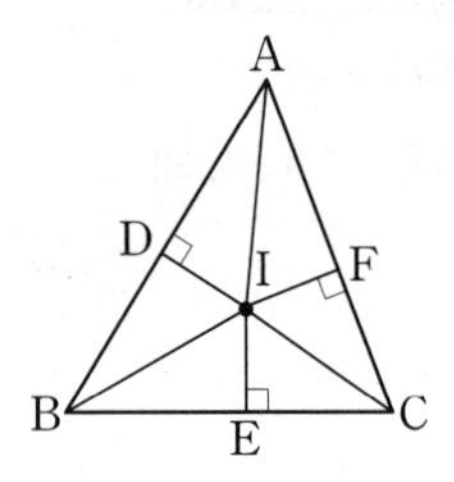

(1) $\overline{AD}=\overline{DB}$ (　　)

(2) $\overline{IE}=\overline{IF}$ (　　)

(3) $\angle IAF=\angle ICF$ (　　)

(4) $\angle IBD=\angle IBE$ (　　)

(5) $\triangle IEC\equiv\triangle IFC$ (　　)

(6) $\triangle ADI\equiv\triangle BDI$ (　　)

2

다음 그림에서 점 I가 △ABC의 내심일 때, $\angle x$의 크기를 구하시오.

(1)

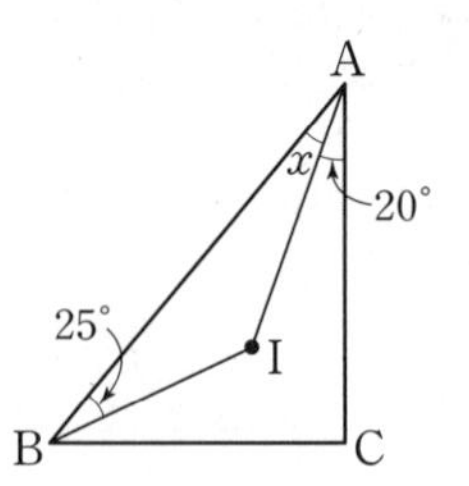

(2)

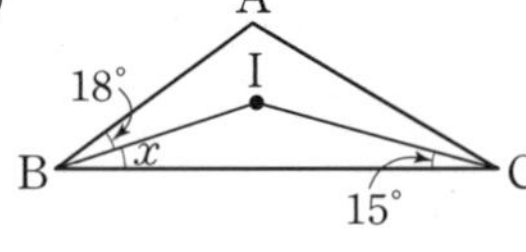

(3)

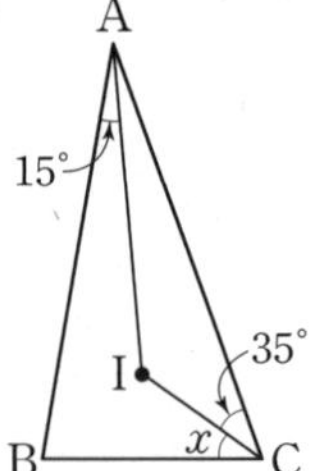

(4)

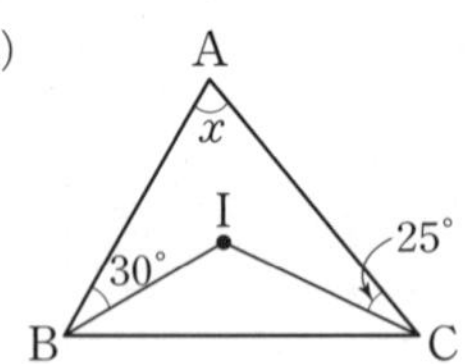

(5)

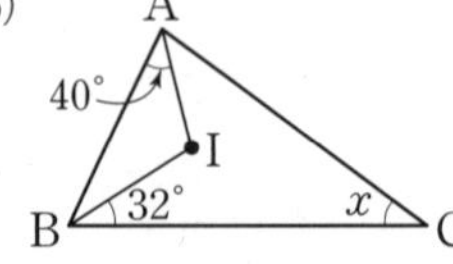

3

다음 그림에서 점 I가 $\triangle ABC$의 내심일 때, x의 값을 구하시오.

(1)

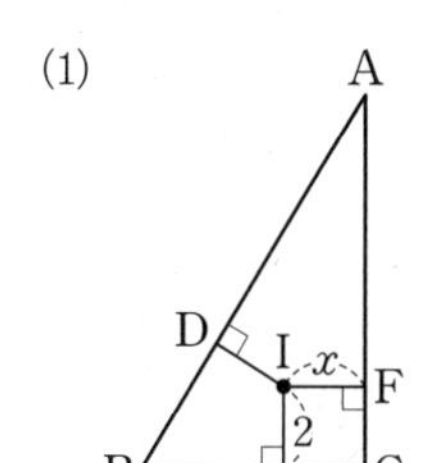

(2)

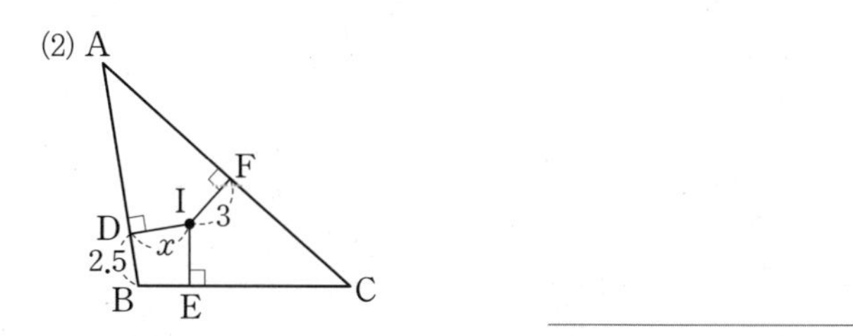

(3)

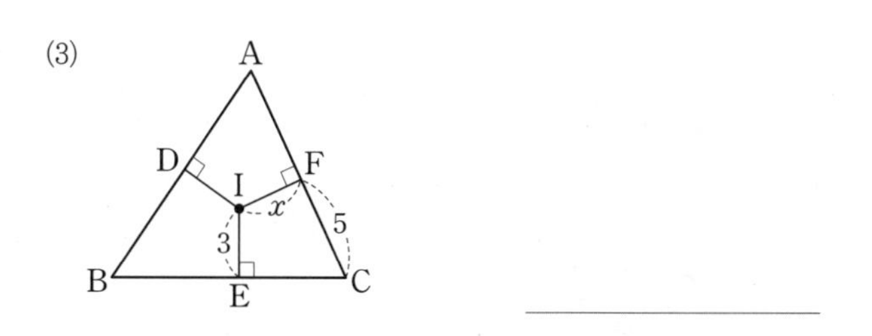

(4)

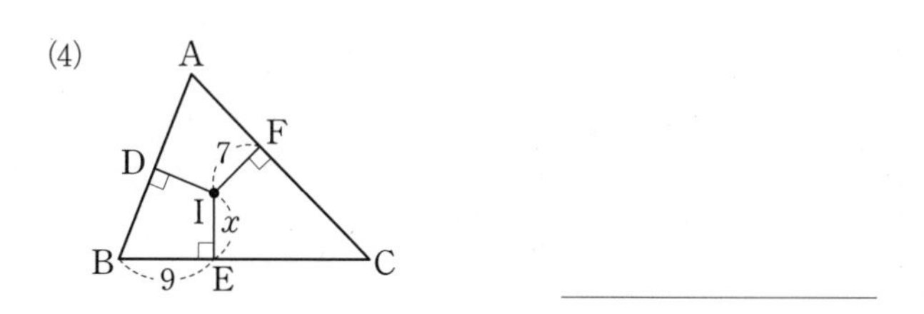

(5)

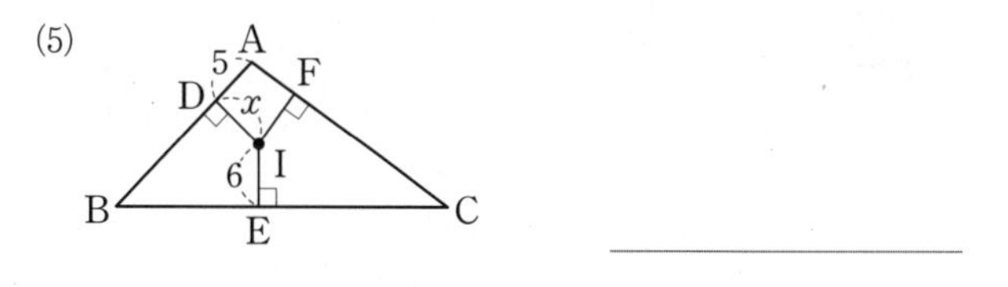

교과서 문제로 개념 다지기

4

오른쪽 그림에서 점 I가 $\triangle ABC$의 내심일 때, 다음 중 옳은 것을 모두 고르면? (정답 2개)

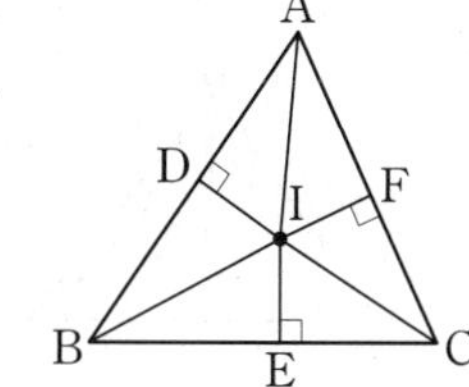

① $\overline{BE}=\overline{CE}$

② $\angle DAI=\angle DBI$

③ $\overline{IA}=\overline{IB}=\overline{IC}$

④ $\triangle ADI\equiv\triangle AFI$

⑤ $\overline{ID}=\overline{IE}=\overline{IF}$

5

오른쪽 그림에서 점 I는 $\triangle ABC$의 내심이다. $\angle IBC=28°$, $\angle IAC=32°$일 때, $\angle x$의 크기를 구하시오.

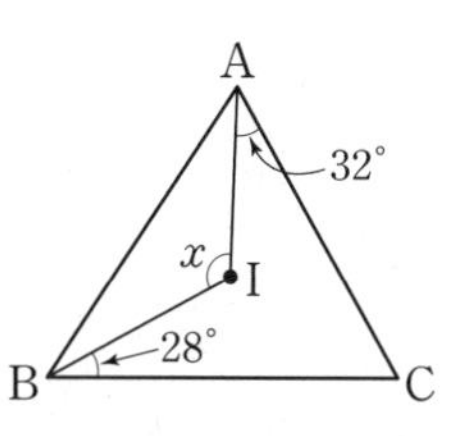

개념 Drill 09 삼각형의 내심의 응용 (1)

1

다음 그림에서 점 I가 $\triangle ABC$의 내심일 때, $\angle x$의 크기를 구하시오.

(1)

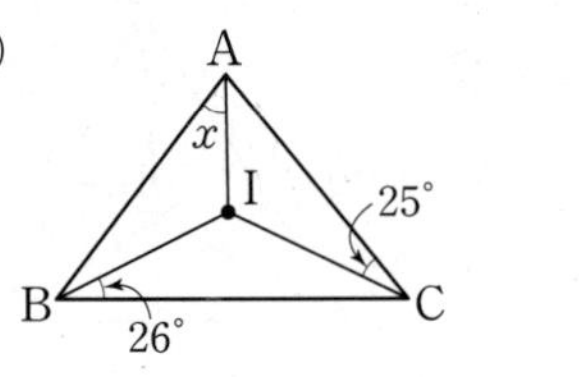

(2)

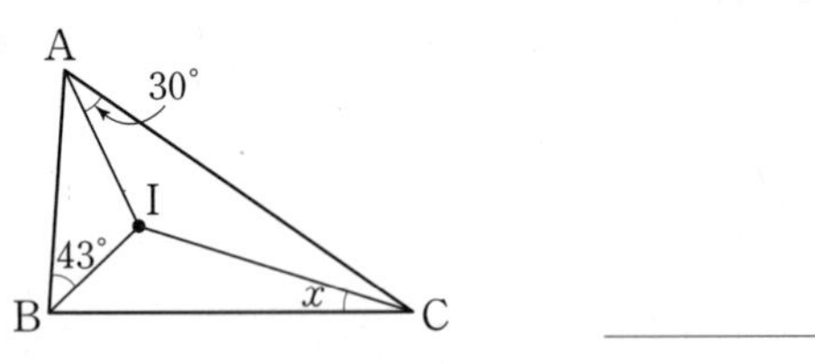

(3)

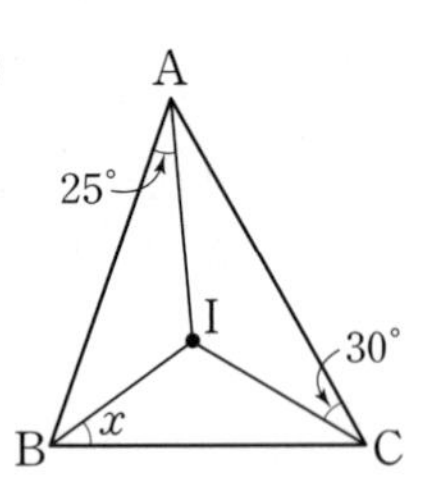

(4)

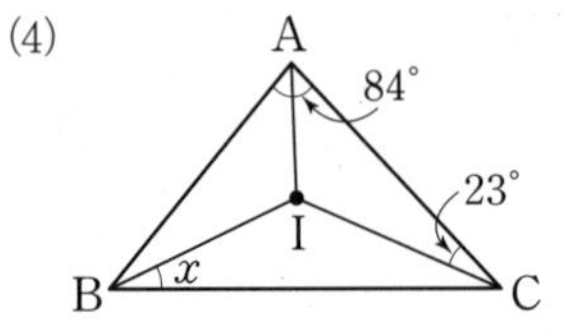

(5)

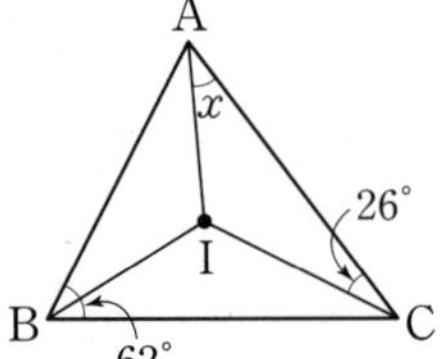

2

다음 그림에서 점 I가 $\triangle ABC$의 내심일 때, $\angle x$의 크기를 구하시오.

(1)

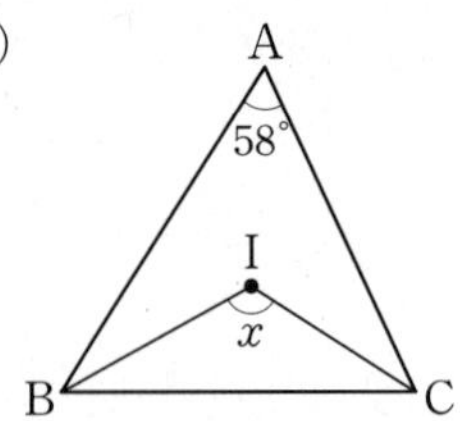

(2)

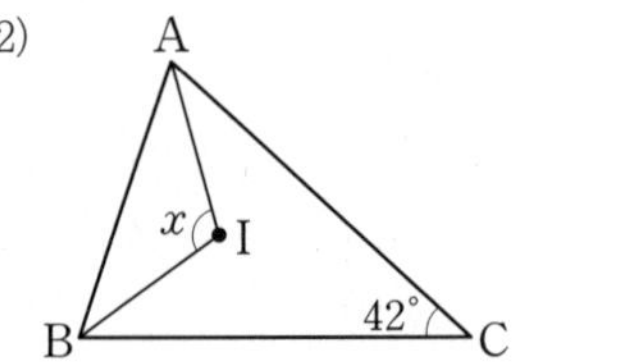

(3)

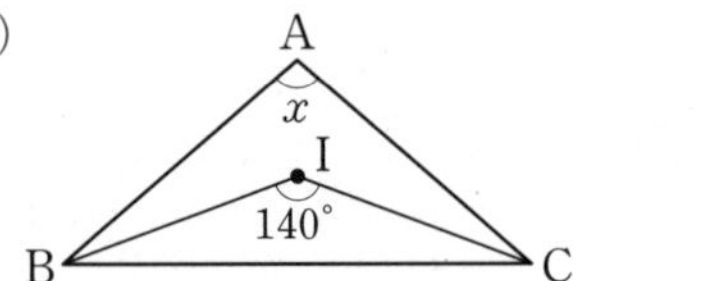

(4)

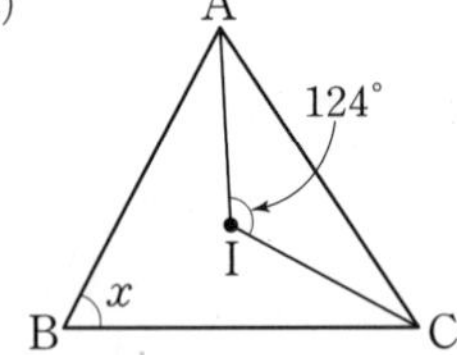

3

다음 그림에서 점 I가 $\triangle ABC$의 내심일 때, $\angle x$의 크기를 구하시오.

(1)

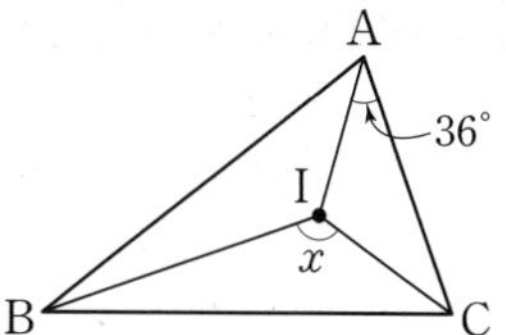

(2)

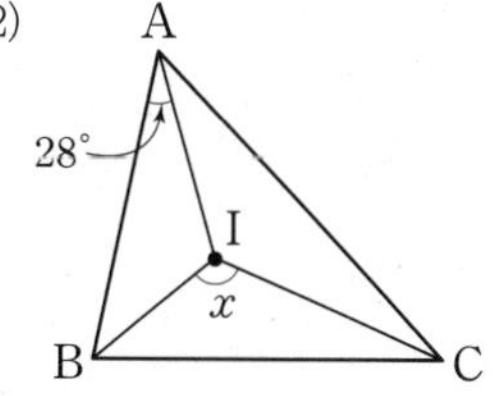

(3)

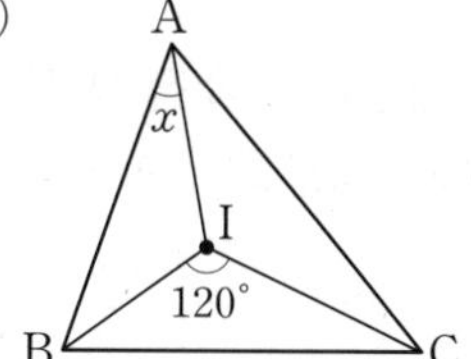

(4)

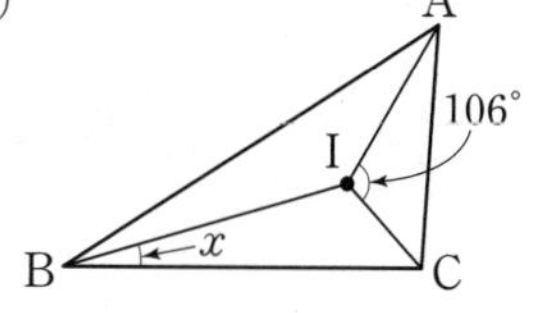

교과서 문제로 **개념 다지기**

4

오른쪽 그림에서 점 I는 $\triangle ABC$의 내심이다. $\angle A=48°$, $\angle ICB=25°$일 때, $\angle x$의 크기를 구하시오.

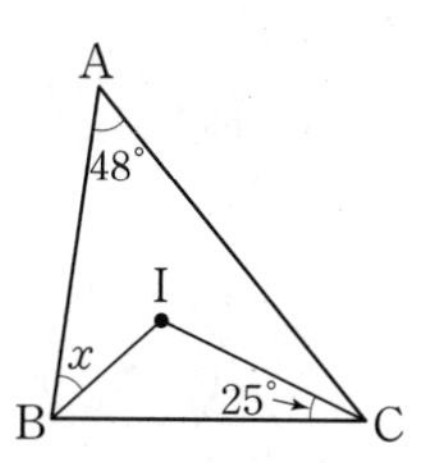

5

오른쪽 그림에서 점 I는 $\triangle ABC$의 내심이다. $\angle A=50°$, $\angle ICA=20°$일 때, $\angle x$, $\angle y$의 크기를 각각 구하시오.

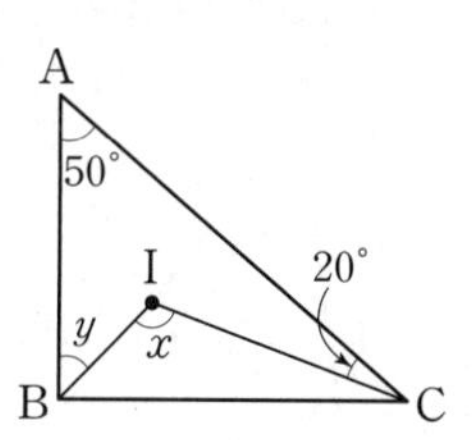

개념 Drill ⑩ 삼각형의 내심의 응용 (2)

1

아래 그림에서 점 I가 △ABC의 내심일 때, 다음을 구하시오.

(1) △ABC의 넓이

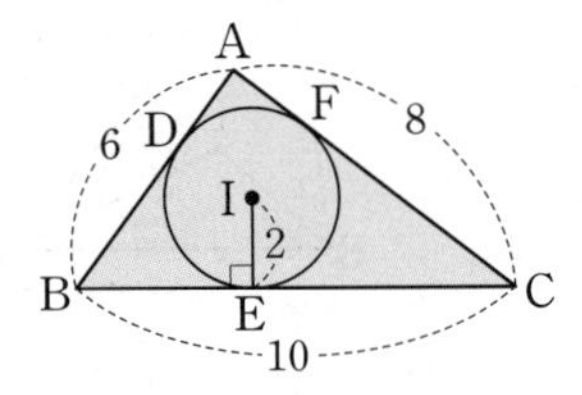

(2) △ABC의 넓이

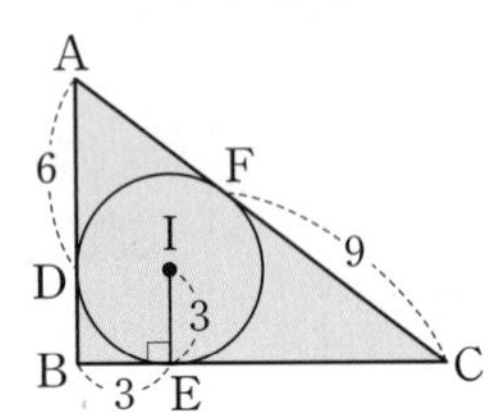

(3) △ABC의 넓이가 45일 때, △ABC의 둘레의 길이

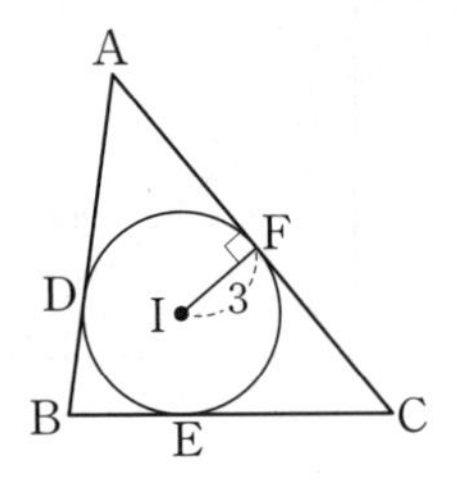

(4) △ABC의 넓이가 6일 때, △ABC의 둘레의 길이

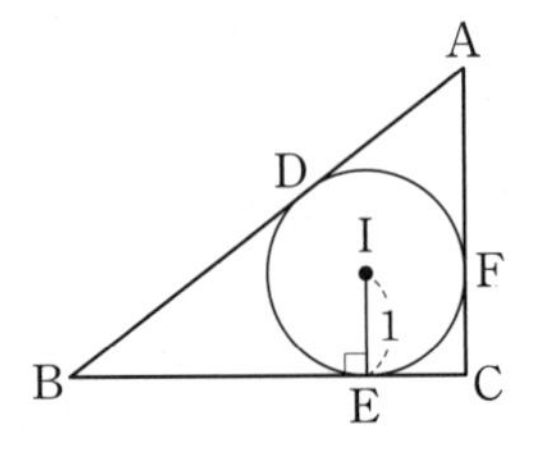

2

아래 그림에서 점 I가 △ABC의 내심일 때, 다음을 구하시오.

(1) △ABC의 넓이가 84일 때, △ABC의 내접원의 반지름의 길이

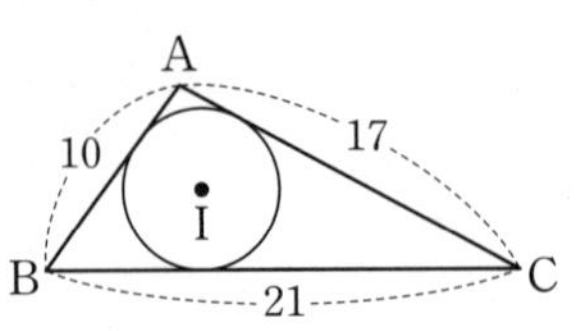

(2) △ABC의 넓이가 12일 때, △ABC의 내접원의 반지름의 길이

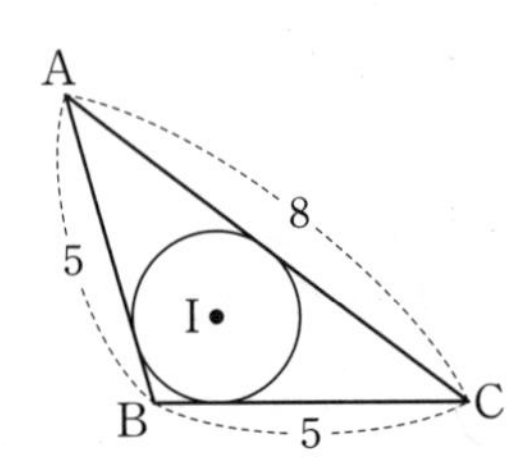

3

다음 그림에서 점 I가 △ABC의 내심이고, 세 점 D, E, F는 각각 내접원과 $\overline{AB}$, $\overline{BC}$, $\overline{CA}$의 접점일 때, x의 값을 구하시오.

(1)

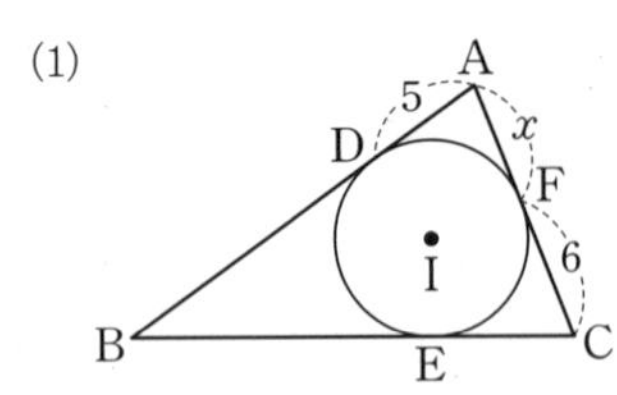

(2)

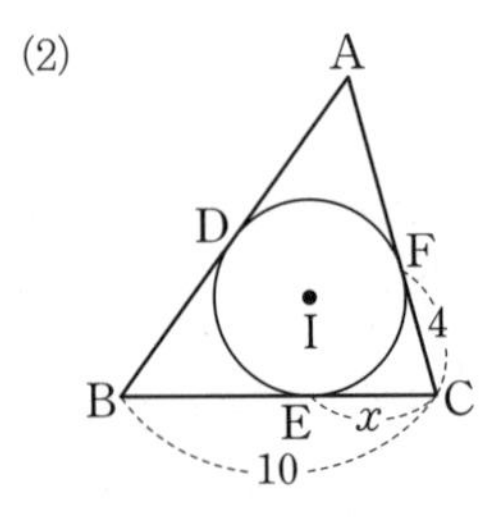

(3)

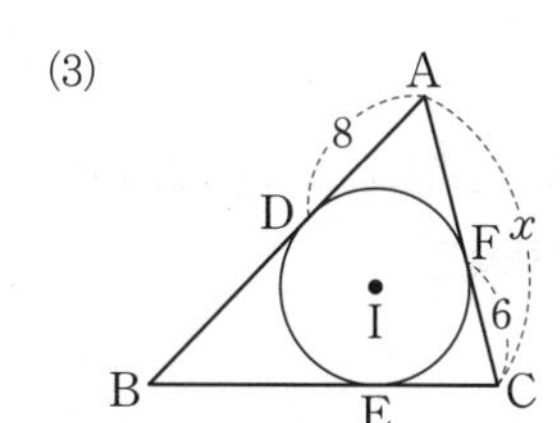

(4)

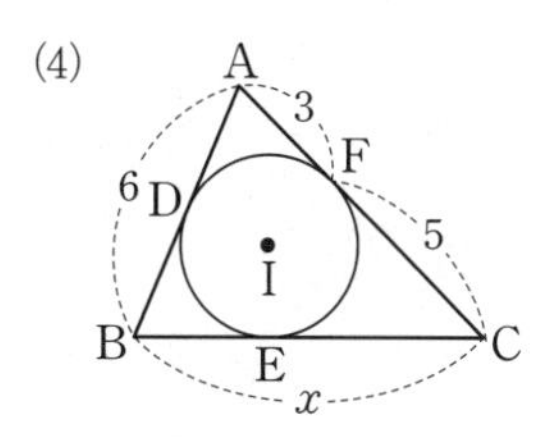

4

다음 그림에서 점 I가 △ABC의 내심이고, 세 점 D, E, F는 각각 내접원과 $\overline{AB}$, $\overline{BC}$, $\overline{CA}$의 접점일 때, △ABC의 둘레의 길이를 구하시오.

(1)

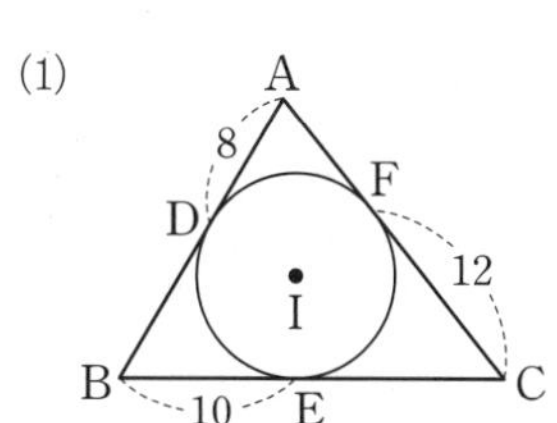

(2)

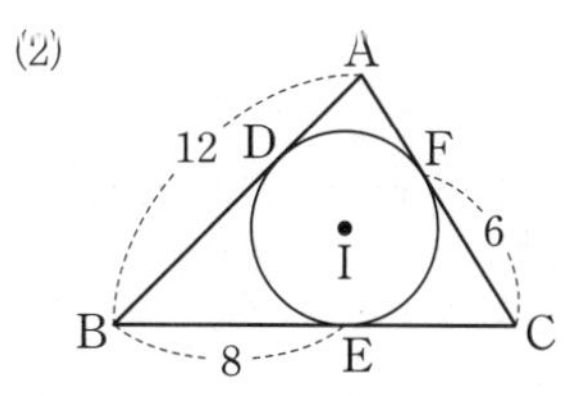

교과서 문제로 **개념 다지기**

5

다음 그림에서 점 I는 △ABC의 내심이다. △ABC의 내접원의 반지름의 길이가 5 cm이고 △ABC의 둘레의 길이가 58 cm일 때, △ABC의 넓이를 구하시오.

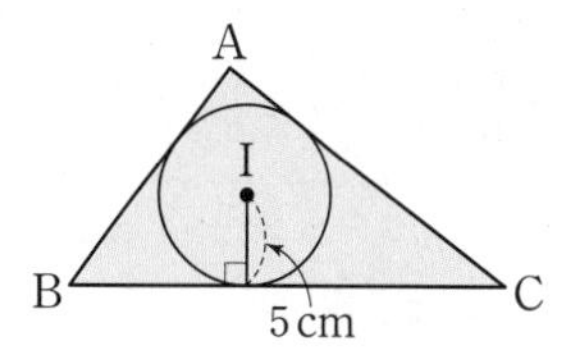

6

다음 그림에서 점 I는 △ABC의 내심이고, 세 점 D, E, F는 각각 내접원과 $\overline{AB}$, $\overline{BC}$, $\overline{CA}$의 접점일 때, x의 값을 구하시오.

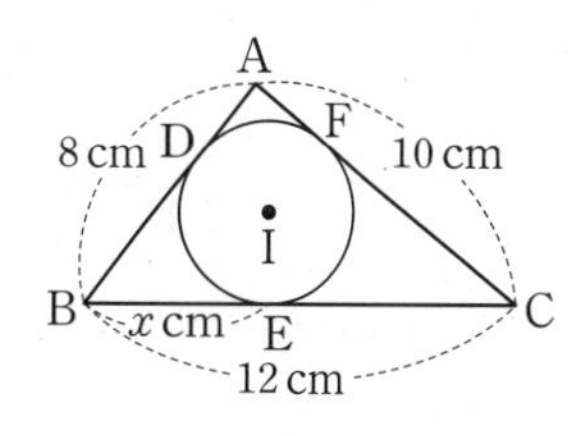

⑪ 삼각형의 외심과 내심

1

다음 그림에서 삼각형의 내부의 점이 외심을 나타내는 것은 '외심', 내심을 나타내는 것은 '내심'을 (   ) 안에 쓰시오.

(1)

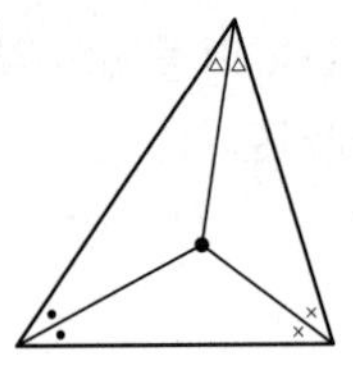

(   )

(2)

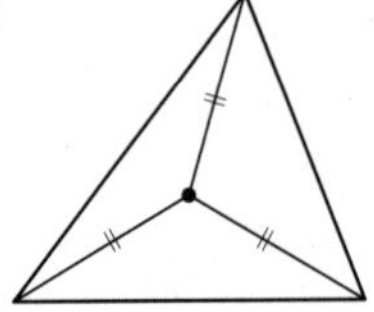

(   )

(3)

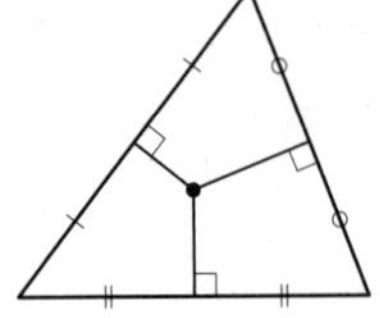

(   )

(4)

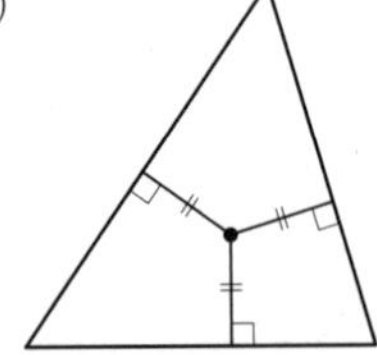

(   )

2

다음 그림에서 두 점 O, I는 각각 △ABC의 외심과 내심일 때, $\angle x$, $\angle y$의 크기를 각각 구하시오.

(1)

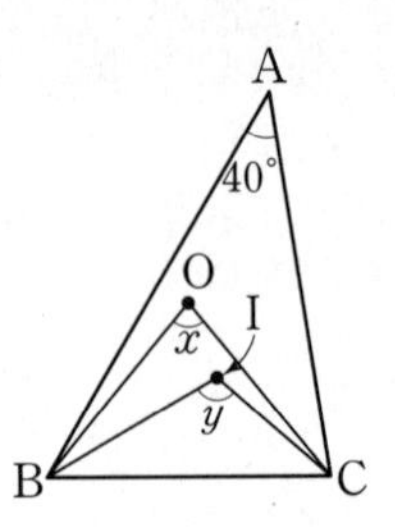

(2)

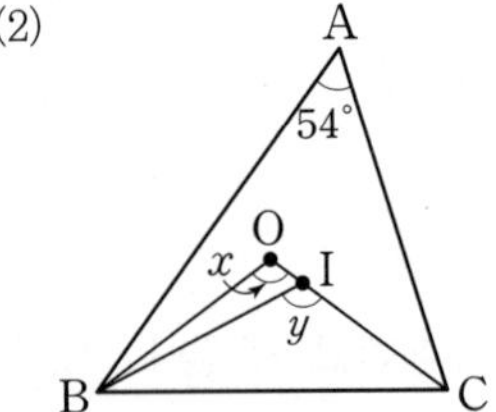

(3)

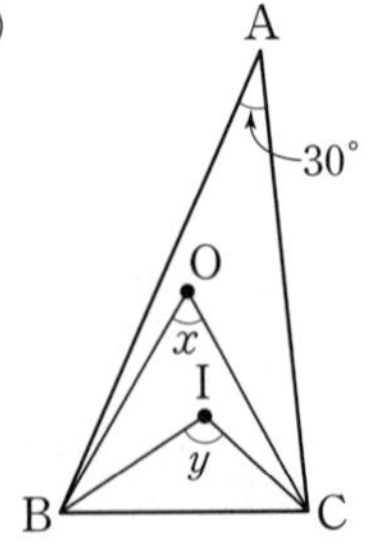

교과서 문제로 개념 다지기

3

오른쪽 그림에서 두 점 O, I는 각각 $\triangle ABC$의 외심과 내심이다. $\angle A=38^\circ$일 때, $\angle BIC-\angle BOC$의 값을 구하시오.

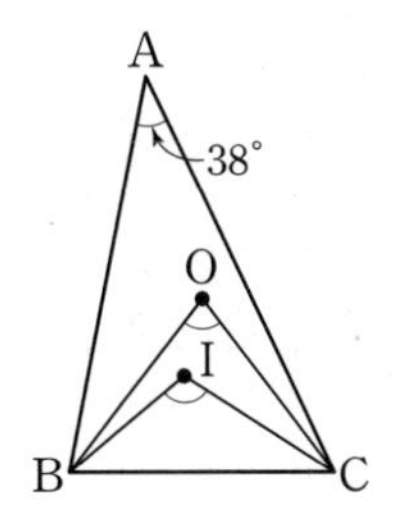

4

오른쪽 그림에서 두 점 O, I는 각각 $\triangle ABC$의 외심과 내심이다. $\angle BOC=100^\circ$일 때, $\angle BIC$의 크기를 구하시오.

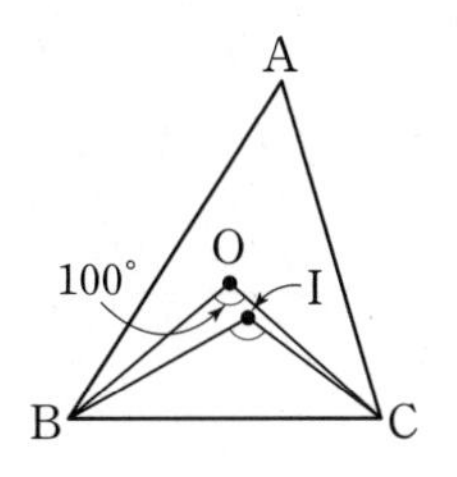

5

오른쪽 그림에서 두 점 O, I는 각각 $\overline{AB}=\overline{AC}$인 이등변삼각형 ABC의 외심과 내심이다. $\angle BOC=88^\circ$일 때, $\angle OCI$의 크기를 구하려고 한다. 다음을 구하시오.

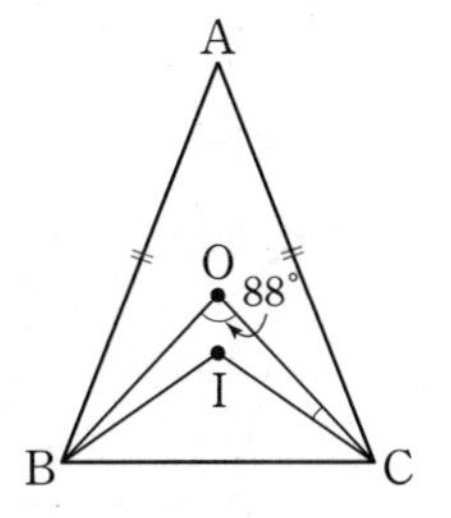

(1) $\angle OCB$의 크기

(2) $\angle ICB$의 크기

(3) $\angle OCI$의 크기

⑫ 평행사변형의 성질

1

다음 그림과 같은 평행사변형 ABCD에서 x, y의 값을 각각 구하시오.

(1)

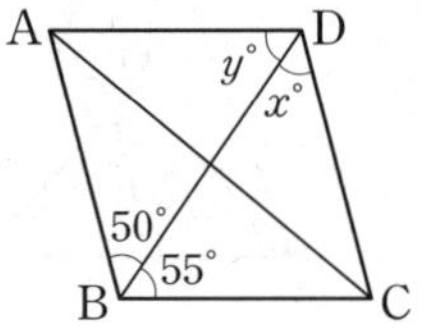

(2)

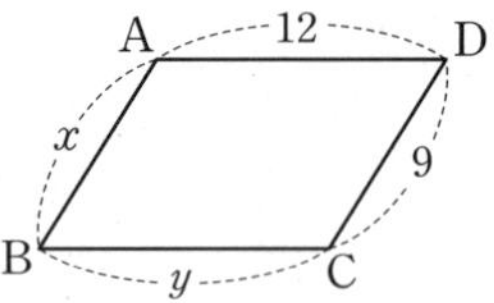

(3)

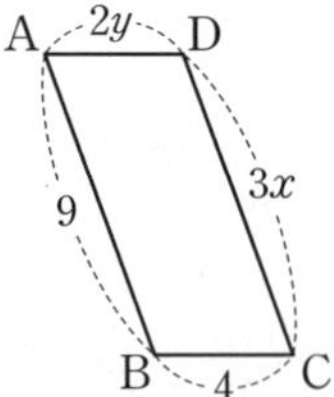

(4)

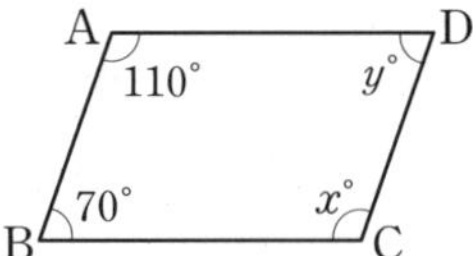

(5)

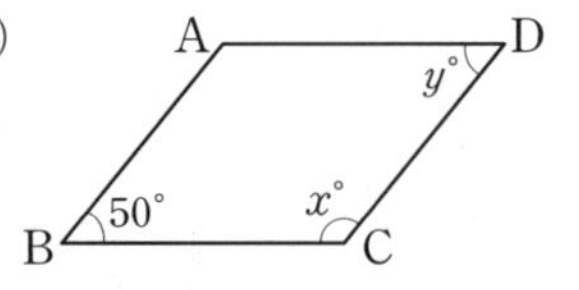

2

다음 그림과 같은 평행사변형 ABCD에서 두 대각선의 교점을 O라 할 때, x의 값을 구하시오.

(1)

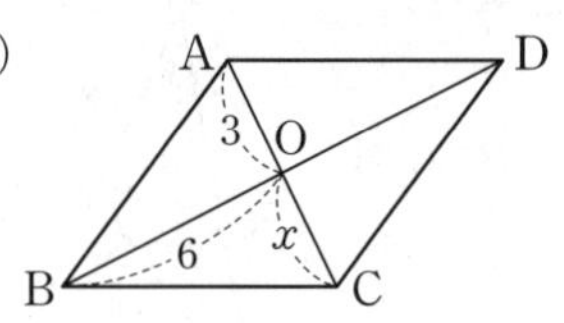

(2)

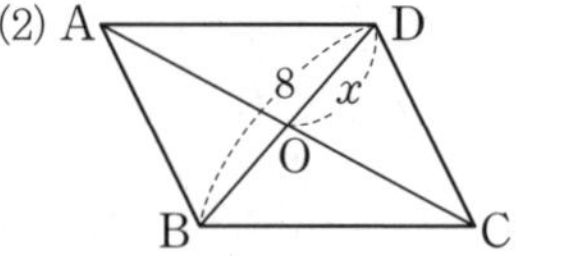

(3)

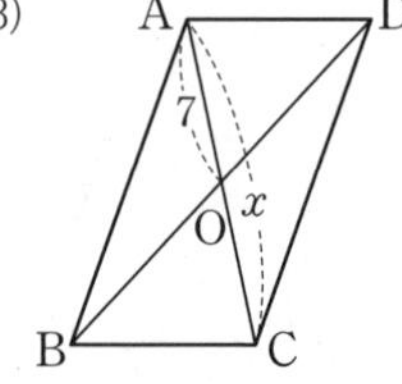

(4)

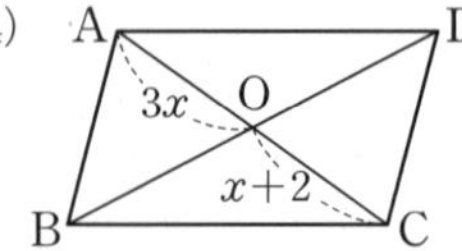

3

아래 그림과 같은 평행사변형 ABCD에서 두 대각선의 교점을 O라 할 때, 다음 중 옳은 것은 ○표, 옳지 않은 것은 ×표를 ( ) 안에 쓰시오.

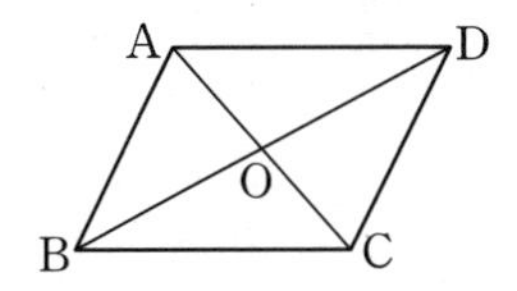

(1) $\overline{AB}=\overline{DC}$ ( )

(2) $\angle BAD=\angle DCB$ ( )

(3) $\overline{OC}=\overline{OD}$ ( )

(4) $\overline{BC}=\overline{BD}$ ( )

(5) $\overline{AC}=2\overline{AO}$ ( )

(6) $\angle BAD+\angle BCD=180°$ ( )

(7) $\angle BCD+\angle CDA=180°$ ( )

교과서 문제로 개념 다지기

4

오른쪽 그림과 같은 평행사변형 ABCD에서 $\overline{AD}=12\,\text{cm}$이고 $\angle B=75°$, $\angle DAC=40°$일 때, x, y의 값을 각각 구하시오.

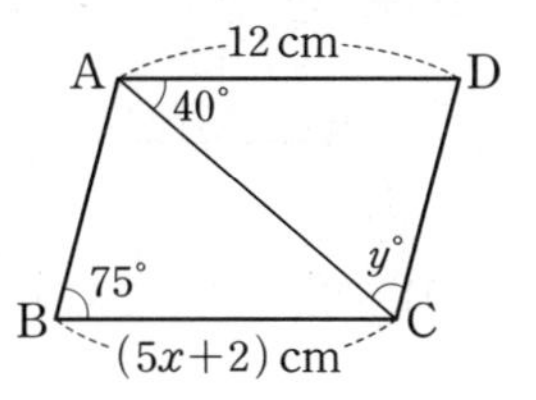

5

오른쪽 그림과 같은 평행사변형 ABCD에서 두 대각선의 교점을 O라 할 때, $x-y$의 값을 구하시오.

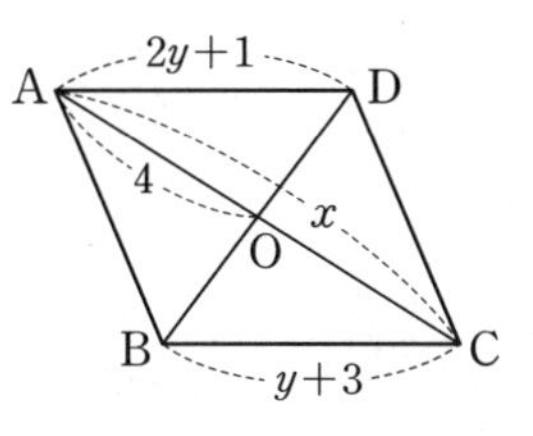

13 평행사변형이 되는 조건

1

다음 그림과 같은 □ABCD가 평행사변형이 되는 조건을 쓰시오. (단, 점 O는 두 대각선의 교점이다.)

(1)

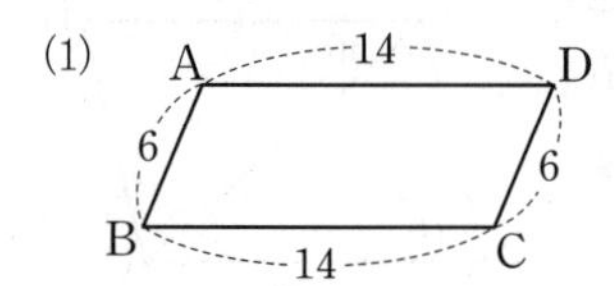

(2)

(3)

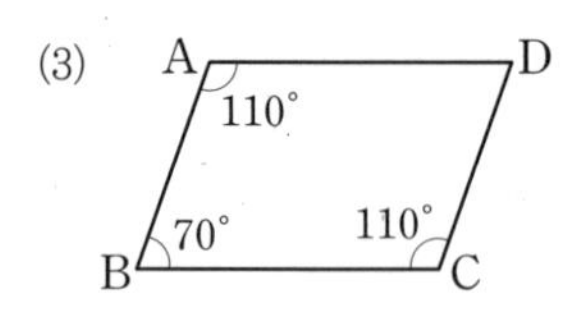

(4)

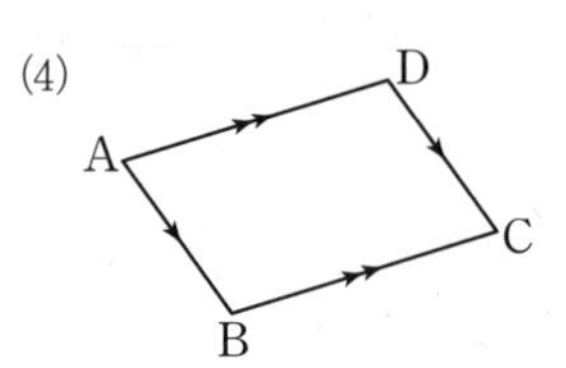

(5)

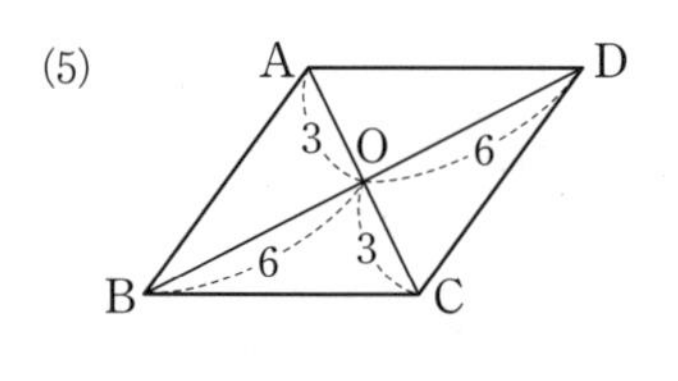

2

다음 그림의 □ABCD가 평행사변형이 되도록 하는 x, y의 값을 각각 구하시오. (단, 점 O는 두 대각선의 교점이다.)

(1)

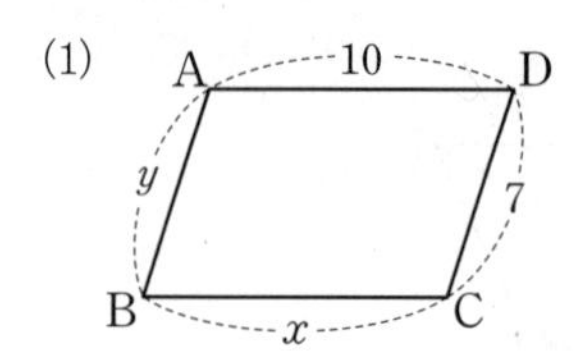

(2)

(3)

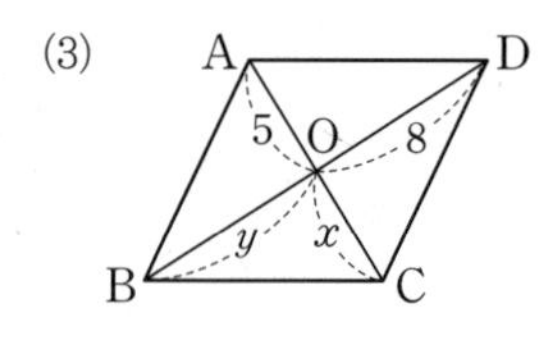

(4)

(5)

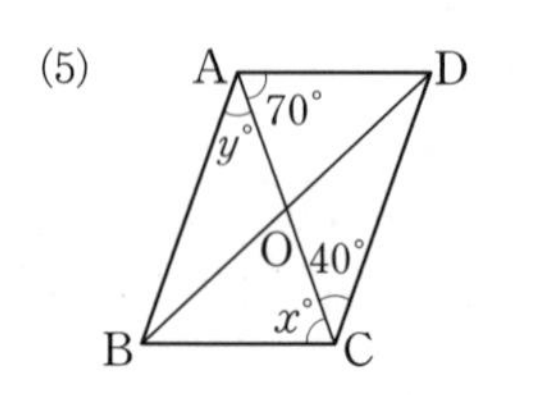

3

다음 중 아래 그림과 같은 □ABCD가 평행사변형이 되는 조건인 것은 ○표, 조건이 아닌 것은 ×표를 (　　) 안에 쓰시오. (단, 점 O는 두 대각선의 교점이다.)

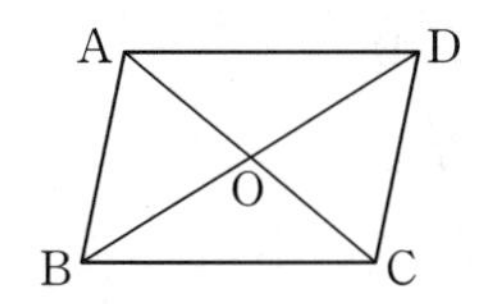

(1) $\overline{AB}=\overline{DC}$, $\overline{AD}=\overline{BC}$ (　　)

(2) $\angle BAD=\angle BCD$, $\angle ABC=\angle ADC$ (　　)

(3) $\overline{AB}/\!/\overline{DC}$, $\overline{AD}/\!/\overline{BC}$ (　　)

(4) $\overline{AD}/\!/\overline{BC}$, $\overline{AB}=\overline{DC}$ (　　)

(5) $\overline{OA}=\overline{OB}$, $\overline{OC}=\overline{OD}$ (　　)

(6) $\angle BAC=\angle DCA$, $\angle ADB=\angle DBC$ (　　)

교과서 문제로 개념 다지기

4

다음 사각형 중 평행사변형이 아닌 것을 모두 고르면? (정답 2개)

①
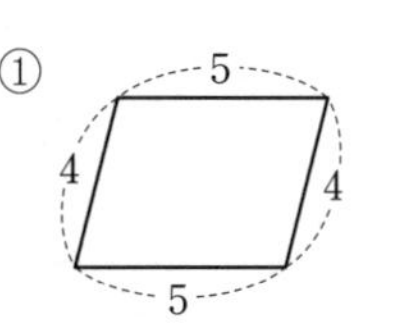

②
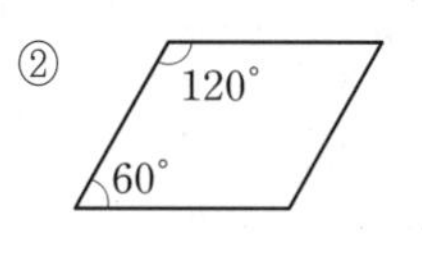

③
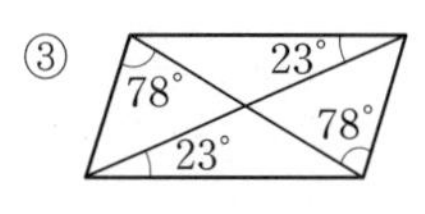

④
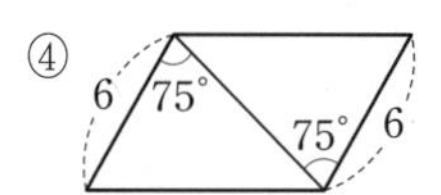

⑤
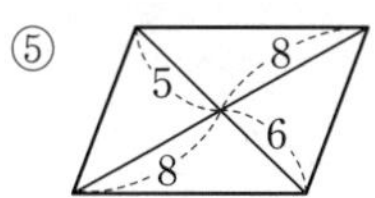

5

다음 | 보기 | 중 □ABCD가 평행사변형이 아닌 것을 고르시오. (단, 점 O는 두 대각선의 교점이다.)

| 보기 |
ㄱ. $\overline{AB}=\overline{BC}=4\,cm$, $\overline{AD}=\overline{DC}=3\,cm$
ㄴ. $\overline{OA}=\overline{OC}=2\,cm$, $\overline{OB}=\overline{OD}=4\,cm$
ㄷ. $\angle A=120^\circ$, $\angle B=60^\circ$, $\angle C=120^\circ$
ㄹ. $\overline{AB}/\!/\overline{DC}$, $\overline{AB}=\overline{DC}=5\,cm$

개념 Drill 14 평행사변형과 넓이

1

다음 그림과 같은 평행사변형 ABCD의 넓이가 60일 때, 색칠한 부분의 넓이를 구하시오.

(단, 점 O는 두 대각선의 교점이다.)

(1)

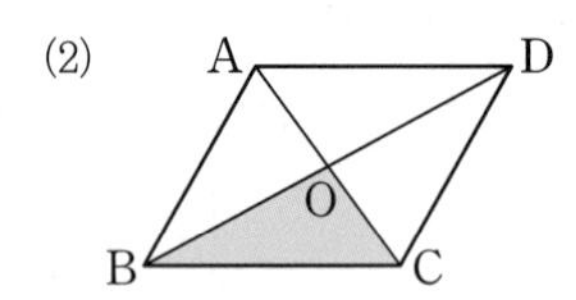

(2)

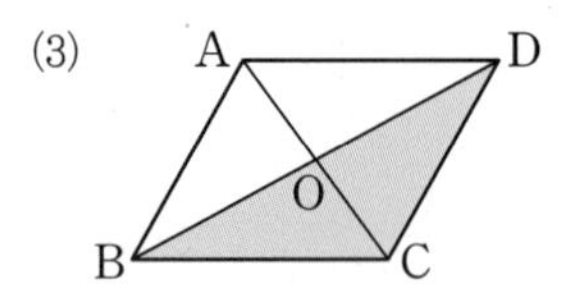

(3)

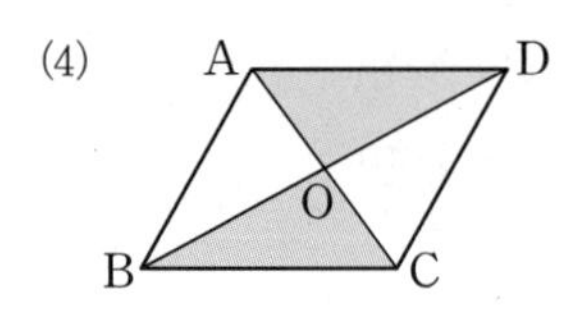

(4)

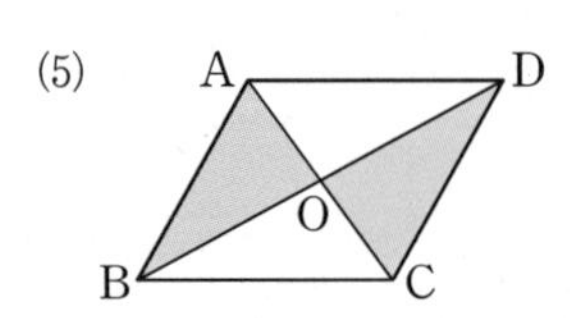

(5)

2

아래 그림과 같은 평행사변형 ABCD에서 두 대각선의 교점을 O라 할 때, 다음을 구하시오.

(1) $\triangle ABC=5$일 때, $\square ABCD$의 넓이

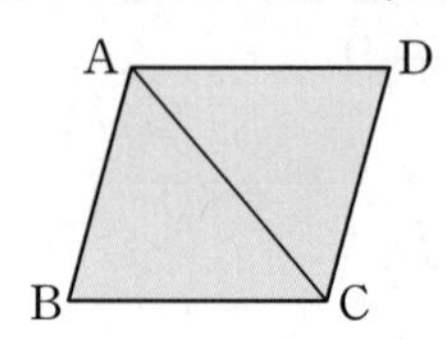

(2) $\triangle ABD=12$일 때, $\triangle BCD$의 넓이

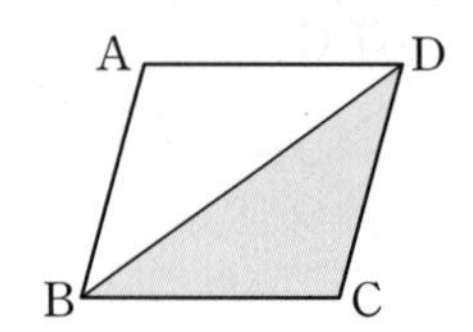

(3) $\triangle ABC=18$일 때, $\triangle ABO$의 넓이

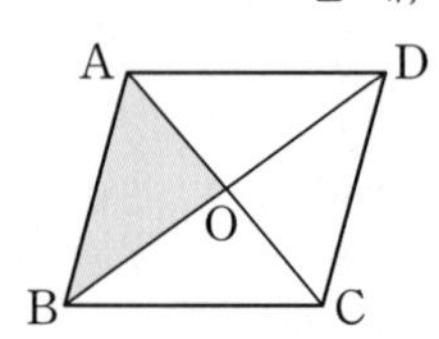

(4) $\triangle OCD=4$일 때, $\square ABCD$의 넓이

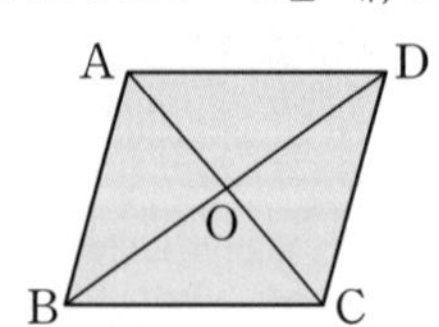

3

아래 그림과 같은 평행사변형 ABCD의 내부의 한 점 P에 대하여 다음을 구하시오.

(1) □ABCD$=48$일 때, △ABP와 △PCD의 넓이의 합

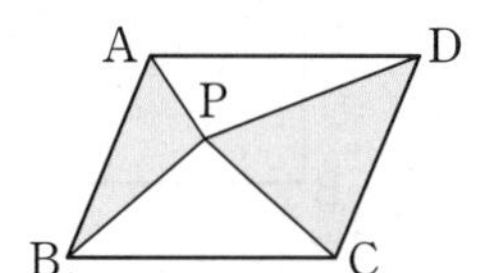

(2) □ABCD$=36$일 때, △APD와 △PBC의 넓이의 합

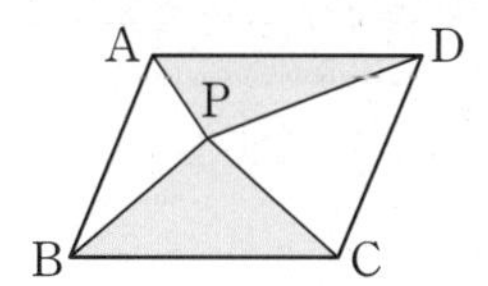

(3) □ABCD$=26$, △PAB$=5$일 때, △PCD의 넓이

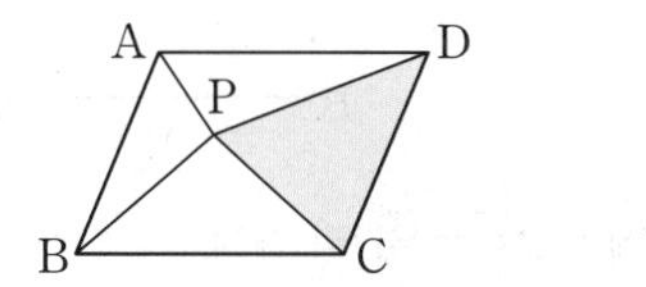

(4) □ABCD$=52$, △PCD$=18$일 때, △ABP의 넓이

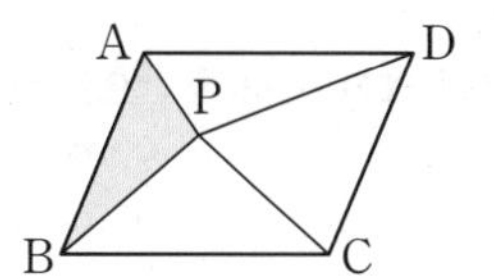

교과서 문제로 **개념 다지기**

4

오른쪽 그림과 같은 평행사변형 ABCD에서 두 대각선의 교점을 O라 하자. △AOD의 넓이가 $7\,\text{cm}^2$일 때, □ABCD의 넓이를 구하시오.

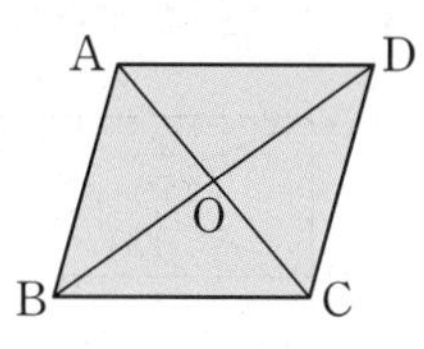

5

오른쪽 그림과 같은 평행사변형 ABCD의 내부의 한 점 P에 대하여 △PAB$=15\,\text{cm}^2$, △PBC$=11\,\text{cm}^2$, △PDA$=14\,\text{cm}^2$일 때, △PCD의 넓이를 구하시오.

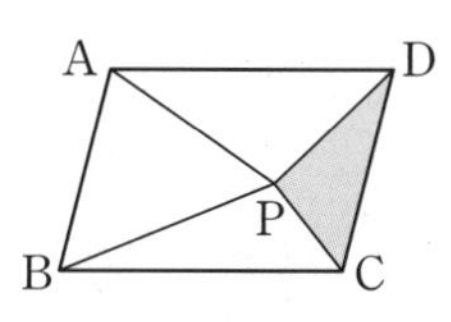

개념 Drill ⑮ 직사각형의 성질

1

다음 그림과 같은 직사각형 ABCD에서 두 대각선의 교점을 O라 할 때, x의 값을 구하시오.

(1)

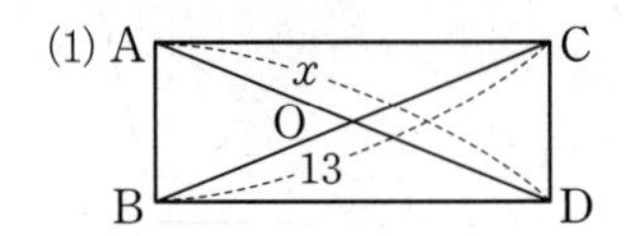

(2)

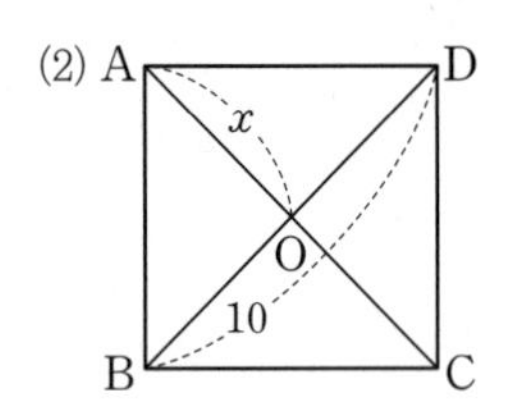

(3) A, D, O, $7-x$, $3x-1$, B, C

(4) A, D, O, $30°$, $x°$, B, C

(5)

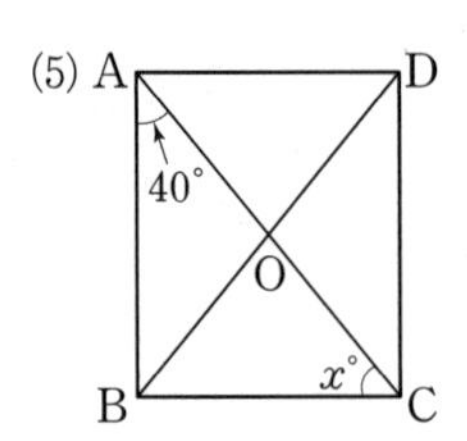

2

다음은 평행사변형 ABCD가 직사각형이 되는 조건을 설명하는 과정이다. □ 안에 알맞은 것을 쓰시오.

(1) 한 내각이 직각인 평행사변형은 직사각형이다.

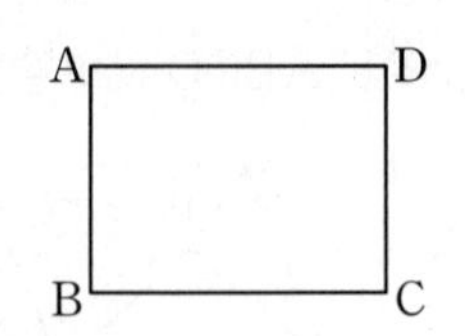

평행사변형 ABCD에서 $\angle A=90°$라 하자.
□ABCD는 평행사변형이므로
$\angle A+\angle B=$ □°
이때 $\angle A=90°$이므로 $\angle B=$ □°
$\therefore$ $\angle C=\angle A=$ □°, $\angle D=\angle B=$ □°
즉, $\angle A=\angle B=\angle C=\angle D$
따라서 □ABCD는 네 내각의 크기가 모두 같으므로 □이다.

(2) 두 대각선의 길이가 같은 평행사변형은 직사각형이다.

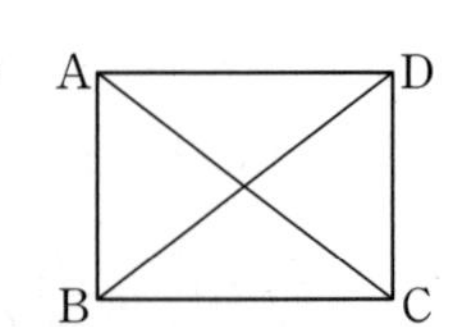

평행사변형 ABCD에서 $\overline{AC}=\overline{BD}$라 하자.
△ABC와 △DCB에서
$\overline{AC}=\overline{DB}$, $\overline{AB}=$ □, $\overline{BC}$는 공통이므로
△ABC≡△DCB (□ 합동)
$\therefore$ $\angle B=$ □
□ABCD는 평행사변형이므로
$\angle A=\angle C$, $\angle B=$ □
즉, $\angle A=\angle B=\angle C=\angle D$
따라서 □ABCD는 네 내각의 크기가 모두 같으므로 □이다.

3

다음 중 아래 그림과 같은 평행사변형 ABCD가 직사각형이 되는 조건인 것은 ○표, 조건이 아닌 것은 ×표를 ( ) 안에 쓰시오. (단, 점 O는 두 대각선의 교점이다.)

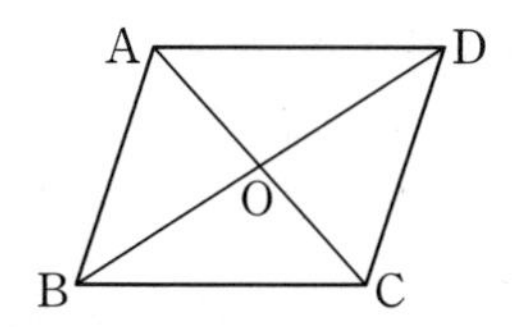

(1) $\overline{AB}=\overline{BC}$ ( )

(2) $\overline{AC}=\overline{BD}$ ( )

(3) $\angle A=\angle B$ ( )

(4) $\overline{AO}=\overline{CO}$ ( )

(5) $\angle A=\angle C$ ( )

(6) $\angle B=90°$ ( )

교과서 문제로 **개념다지기**

4

오른쪽 그림과 같은 직사각형 ABCD에서 두 대각선의 교점을 O라 할 때, x, y의 값을 각각 구하시오.

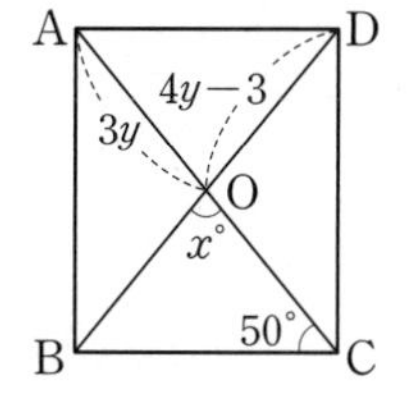

5

오른쪽 그림과 같은 직사각형 ABCD에서 두 대각선의 교점을 O라 하자. $\overline{AB}=6\,\text{cm}$, $\overline{AC}=10\,\text{cm}$일 때, $\triangle$OCD의 둘레의 길이를 구하시오.

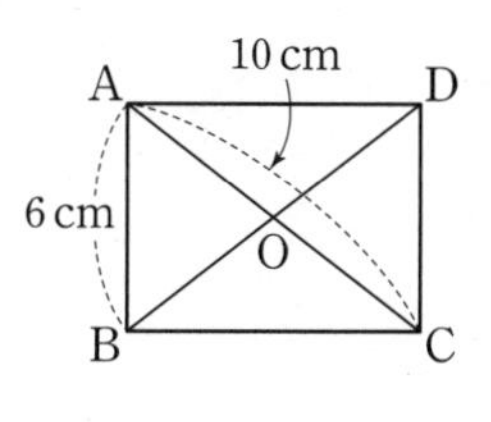

1

다음 그림과 같은 마름모 ABCD에서 두 대각선의 교점을 O라 할 때, x, y의 값을 각각 구하시오.

(1)

(2)

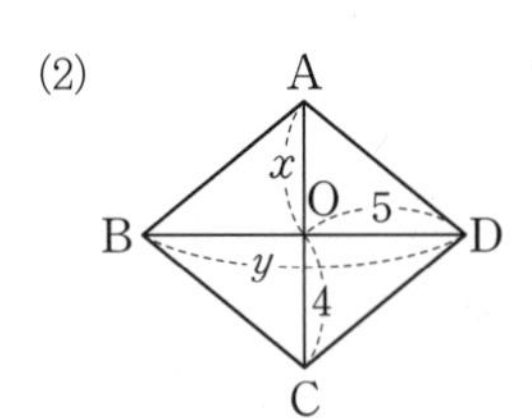

(3)

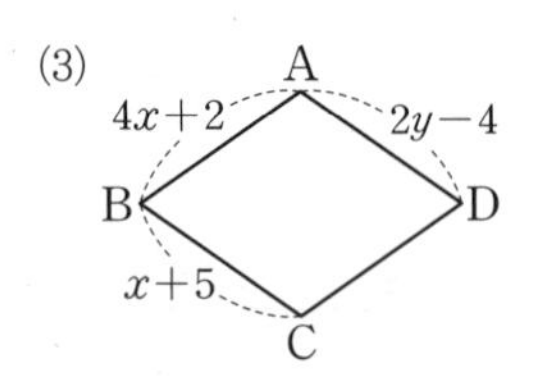

(4)

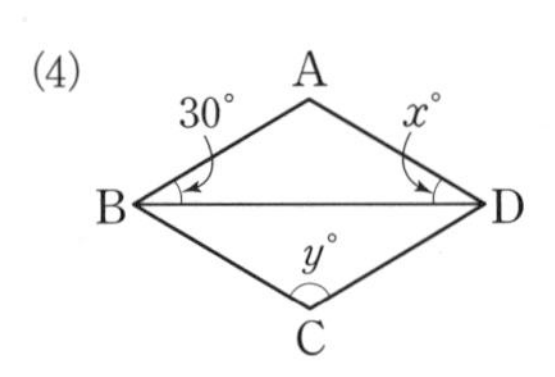

(5)

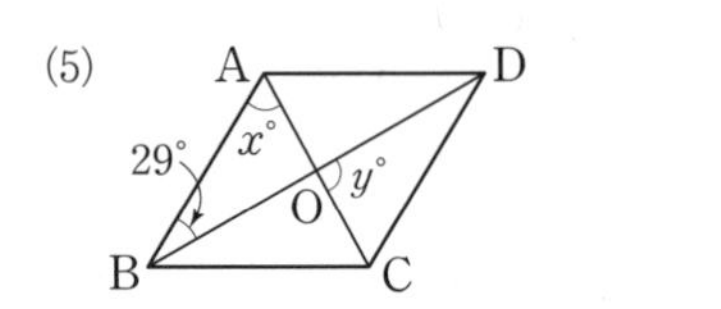

2

다음은 평행사변형 ABCD가 마름모가 되는 조건을 설명하는 과정이다. □ 안에 알맞은 것을 쓰시오.

(1) 이웃하는 두 변의 길이가 같은 평행사변형은 마름모이다.

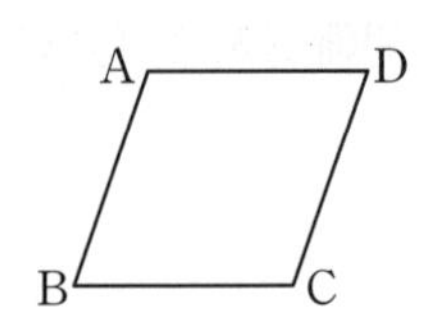

> 평행사변형 ABCD에서 $\overline{AB}=\overline{BC}$라 하자.
> □ABCD는 평행사변형이므로
> $\overline{AB}=$□, $\overline{BC}=$□
> 이때 $\overline{AB}=\overline{BC}$이므로 $\overline{AB}=\overline{BC}=$□$=$□
> 따라서 □ABCD는 네 변의 길이가 모두 같으므로 □이다.

(2) 두 대각선이 서로 수직인 평행사변형은 마름모이다. (단, 점 O는 두 대각선의 교점이다.)

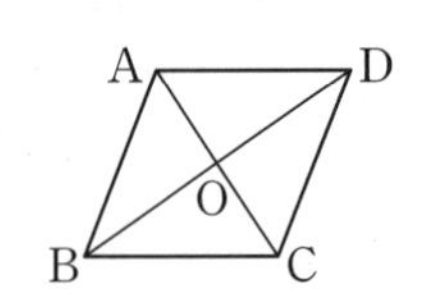

> 평행사변형 ABCD에서 $\overline{AC}\perp\overline{BD}$라 하자.
> △ABO와 △ADO에서
> $\overline{BO}=$□, $\angle AOB=$□$=90°$,
> $\overline{AO}$는 공통이므로
> △ABO≡△ADO (□ 합동)
> $\therefore$ $\overline{AB}=$□
> □ABCD는 평행사변형이므로
> $\overline{AB}=\overline{DC}$, $\overline{BC}=$□
> 즉, $\overline{AB}=\overline{BC}=\overline{CD}=\overline{DA}$
> 따라서 □ABCD는 네 변의 길이가 모두 같으므로 □이다.

3

다음 중 아래 그림과 같은 평행사변형 ABCD가 마름모가 되는 조건인 것은 ○표, 조건이 아닌 것은 ×표를 ( ) 안에 쓰시오. (단, 점 O는 두 대각선의 교점이다.)

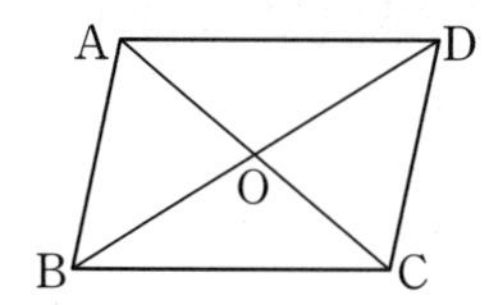

(1) $\angle A = \angle B$ ( )

(2) $\overline{AB} = \overline{AD}$ ( )

(3) $\angle AOB = 90^\circ$ ( )

(4) $\angle A = \angle C$ ( )

(5) $\overline{AC} \perp \overline{BD}$ ( )

(6) $\angle ABD = \angle ADB$ ( )

교과서 문제로 **개념 다지기**

4

오른쪽 그림과 같은 마름모 ABCD에서 두 대각선의 교점을 O라 하자. $\angle BAC = 65^\circ$, $\overline{BC} = 8\text{ cm}$일 때, x, y의 값을 각각 구하시오.

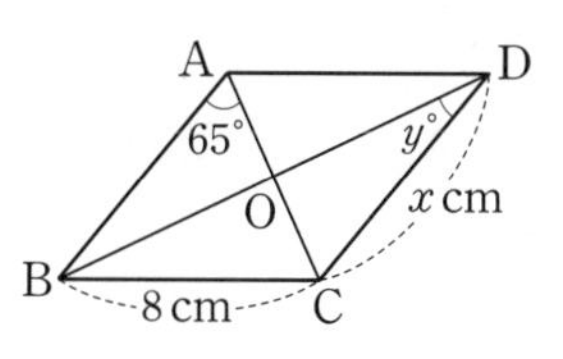

5

오른쪽 그림과 같은 마름모 ABCD에서 두 대각선의 교점을 O라 하자. $\overline{AO} = 6\text{ cm}$, $\angle BAO = 58^\circ$일 때, 다음 중 옳지 않은 것은?

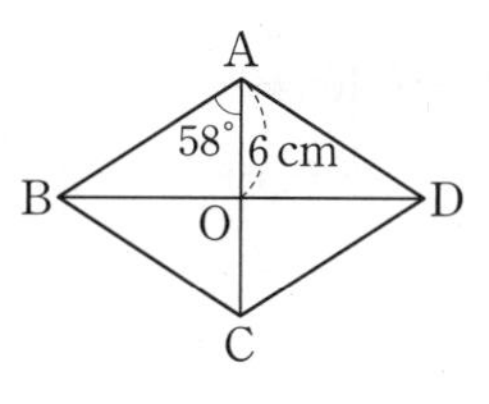

① $\angle ABO = \angle CDO$
② $\angle AOD = \angle BOC = 90^\circ$
③ $\overline{AC} = 12\text{ cm}$, $\overline{BD} = 24\text{ cm}$
④ $\angle ABC = 64^\circ$
⑤ $\angle BAO + \angle DAO = 116^\circ$

⑰ 정사각형의 성질

1

다음 그림과 같은 정사각형 ABCD에서 두 대각선의 교점을 O라 할 때, x, y의 값을 각각 구하시오.

(1)

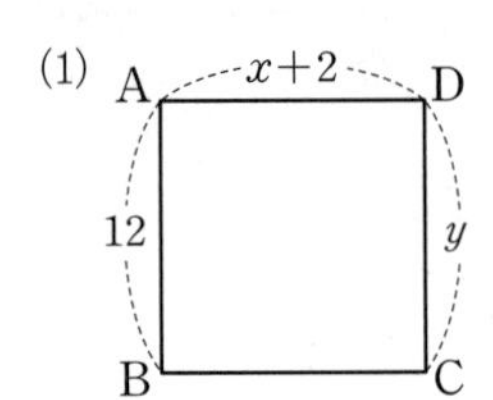

(2)

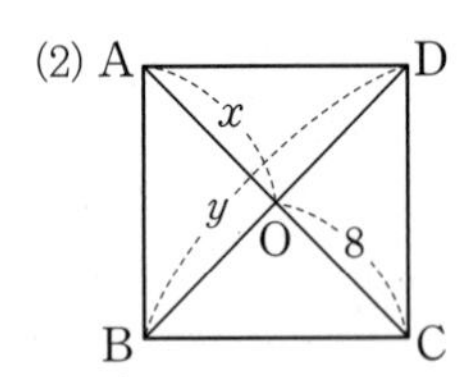

(3)

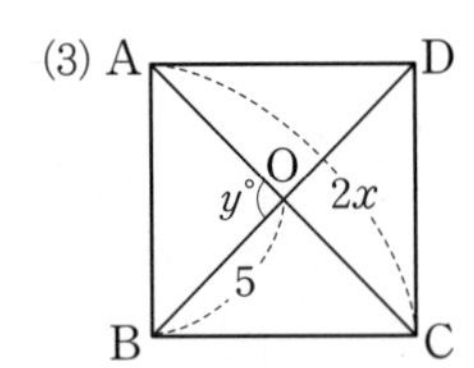

(4)

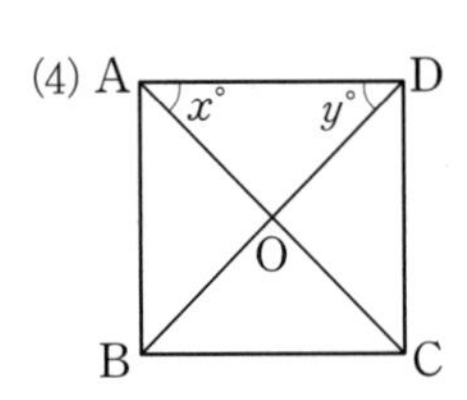

(5)

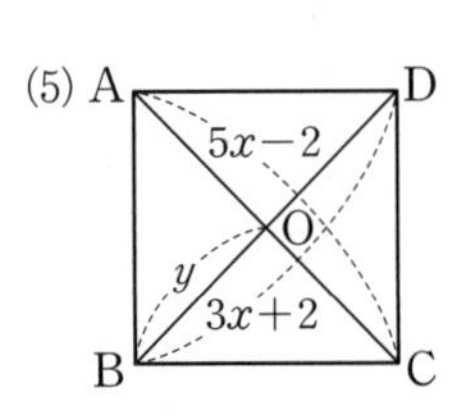

2

다음은 오른쪽 그림과 같은 직사각형 ABCD가 정사각형이 되는 조건이다. □ 안에 알맞은 수를 쓰시오. (단, 점 O는 두 대각선의 교점이다.)

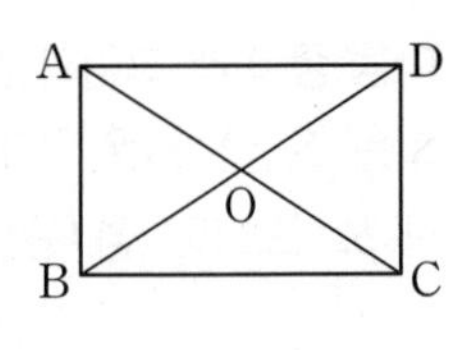

(1) $\overline{AB}=10$이면 $\overline{BC}=$□

(2) $\angle AOD=$□$°$

(3) $\angle ABO=$□$°$

3

다음은 오른쪽 그림과 같은 마름모 ABCD가 정사각형이 되는 조건이다. □ 안에 알맞은 수를 쓰시오. (단, 점 O는 두 대각선의 교점이다.)

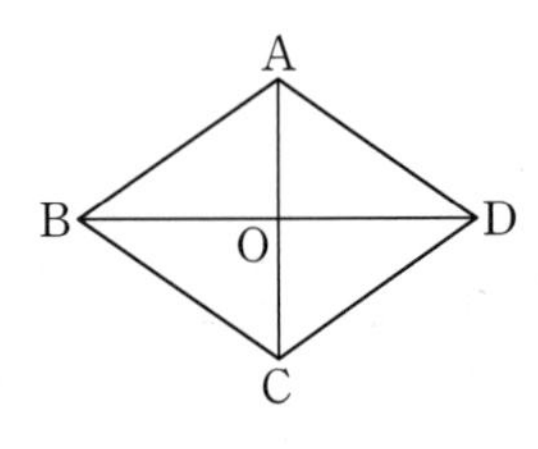

(1) $\angle ABC=$□$°$

(2) $\overline{AC}=12$이면 $\overline{BD}=$□

(3) $\overline{AO}=7$이면 $\overline{BO}=$□

4

다음 조건으로 알맞은 것을 | 보기 | 에서 모두 고르시오.
(단, 점 O는 두 대각선의 교점이다.)

| 보기 |
ㄱ. $\overline{AB}=\overline{AD}$　　ㄴ. $\overline{AC}=\overline{BD}$
ㄷ. $\angle AOB=90°$　　ㄹ. $\overline{BO}=\overline{CO}$
ㅁ. $\overline{AC}\perp\overline{BD}$　　ㅂ. $\angle ABC=90°$

(1) 직사각형 ABCD가 정사각형이 되는 조건

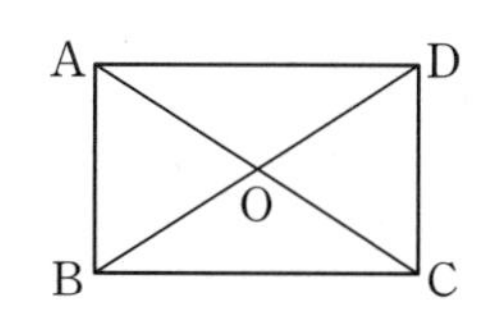

(2) 마름모 ABCD가 정사각형이 되는 조건

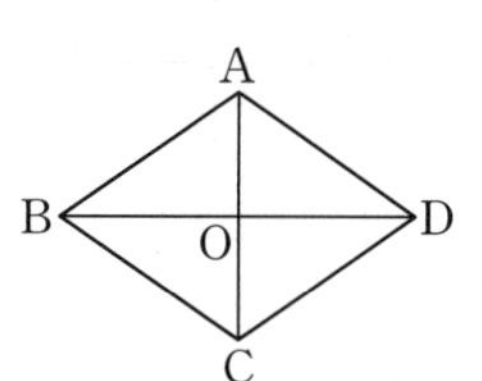

교과서 문제로 **개념 다지기**

5

오른쪽 그림과 같은 정사각형 ABCD에서 두 대각선의 교점을 O라 하자. $\overline{OA}=7\,\text{cm}$, $\angle OBC=45°$일 때, $x+y$의 값을 구하시오.

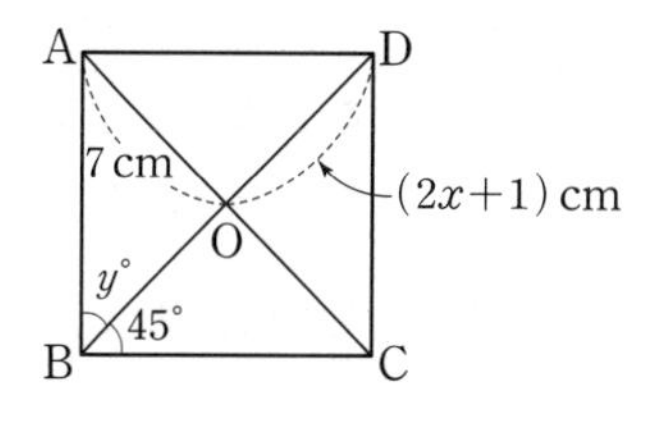

6

오른쪽 그림과 같은 평행사변형 ABCD가 정사각형이 되는 조건을 다음 | 보기 | 에서 모두 고른 것은? (단, 점 O는 두 대각선의 교점이다.)

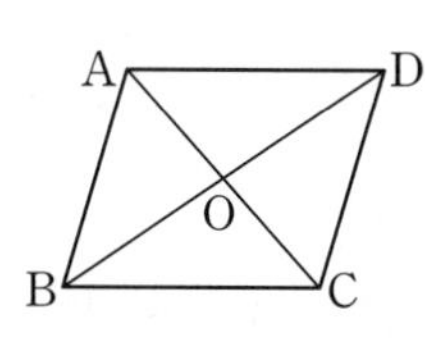

| 보기 |
ㄱ. $\overline{OA}=\overline{OB}=\overline{OC}=\overline{OD}$
ㄴ. $\overline{AB}=\overline{BC}$, $\overline{AC}=\overline{BD}$
ㄷ. $\overline{OA}=\overline{OB}$, $\angle OAB=45°$
ㄹ. $\angle BAD=90°$, $\angle AOD=90°$
ㅁ. $\angle BAD=\angle ABC$, $\overline{AC}=\overline{BD}$

① ㄱ, ㄷ　② ㄴ, ㅁ　③ ㄷ, ㅁ
④ ㄱ, ㄹ, ㅁ　⑤ ㄴ, ㄷ, ㄹ

⑱ 등변사다리꼴의 성질

1

다음 그림과 같이 $\overline{AD}/\!/\overline{BC}$인 등변사다리꼴 ABCD에서 x의 값을 구하시오. (단, 점 O는 두 대각선의 교점이다.)

(1) A, D, B, C, 6, 7, x

(2)

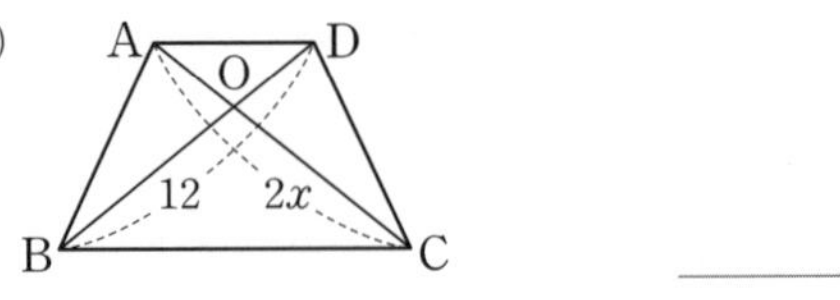

(3)

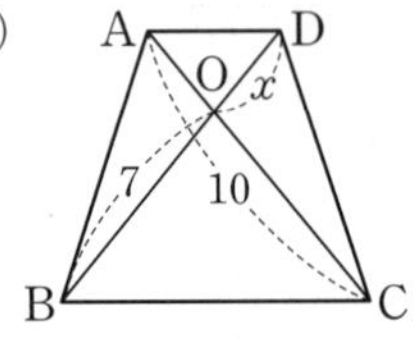

(4)

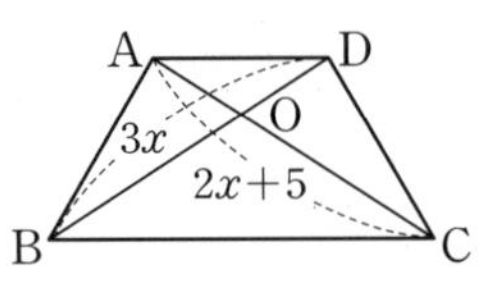

2

다음 그림과 같이 $\overline{AD}/\!/\overline{BC}$인 등변사다리꼴 ABCD에서 $\angle x$의 크기를 구하시오.

(1) A, D, B, C, 55°, x

(2)

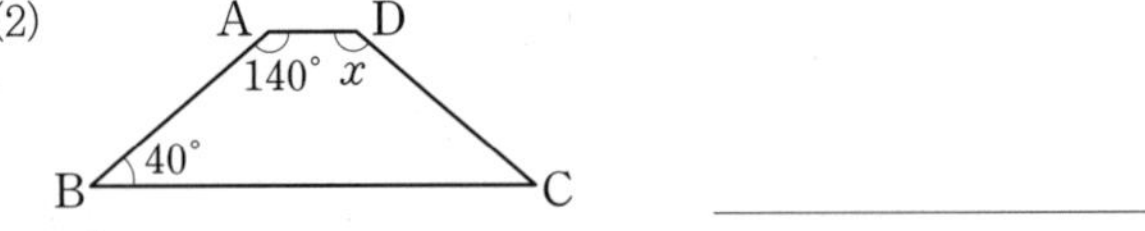

(3)

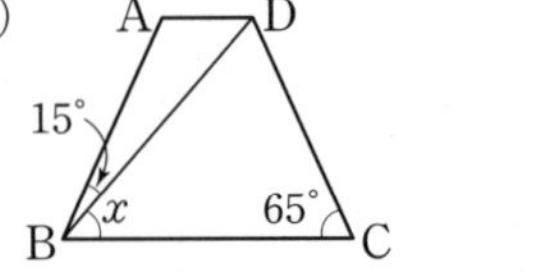

(4)

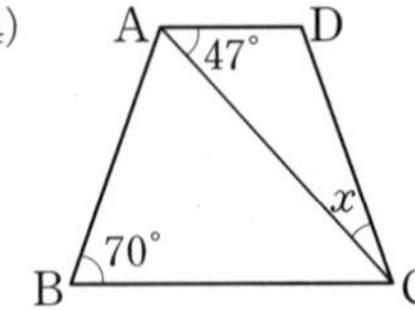

3

아래 그림과 같이 $\overline{AD}/\!/\overline{BC}$인 등변사다리꼴 ABCD에서 두 대각선의 교점을 O라 할 때, 다음 중 옳은 것은 ○표, 옳지 않은 것은 ×표를 (　) 안에 쓰시오.

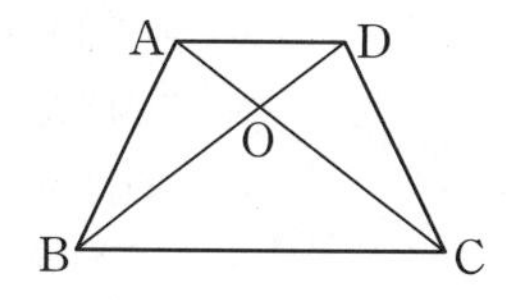

(1) $\overline{AD}=\overline{DC}$ (　)

(2) $\overline{AB}=\overline{DC}$ (　)

(3) $\overline{AC}=\overline{BD}$ (　)

(4) $\triangle ABC\equiv\triangle DCB$ (　)

(5) $\angle ABD=\angle DCA$ (　)

(6) $\angle BOC=90^\circ$ (　)

(7) $\overline{OA}=\overline{OC}$ (　)

(8) $\overline{OB}=\overline{OC}$ (　)

교과서 문제로 개념 다지기

4

다음 그림과 같이 $\overline{AD}/\!/\overline{BC}$인 등변사다리꼴 ABCD에서 $\overline{AB}$의 길이를 구하시오.

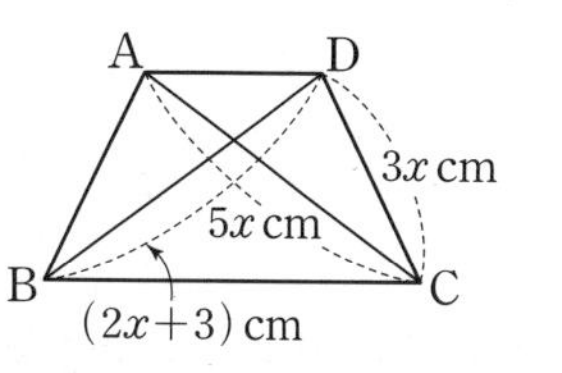

5

다음 그림과 같이 $\overline{AD}/\!/\overline{BC}$인 등변사다리꼴 ABCD에서 $\overline{AB}=\overline{AD}$이고 $\angle C=72^\circ$일 때, $\angle x$의 크기를 구하시오.

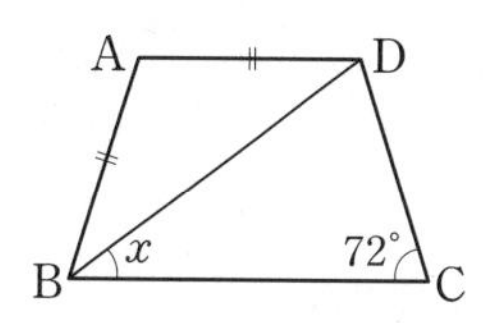

19 여러 가지 사각형 사이의 관계

1

다음 설명 중 옳은 것은 ○표, 옳지 않은 것은 ×표를 ( ) 안에 쓰시오.

(1) 평행사변형의 두 대각선의 길이가 같으면 직사각형이다. ( )

(2) 평행사변형의 두 대각선이 수직이면 직사각형이다. ( )

(3) 직사각형의 두 대각선의 길이가 같으면 정사각형이다. ( )

(4) 마름모의 한 내각이 직각이면 정사각형이다. ( )

(5) 마름모의 두 대각선의 길이가 같으면 정사각형이다. ( )

(6) 사다리꼴은 평행사변형이다. ( )

(7) 정사각형은 마름모이다. ( )

(8) 직사각형이고 마름모인 사각형은 정사각형이다. ( )

2

다음 대각선의 성질을 만족시키는 사각형을 | 보기 |에서 모두 고르시오.

| 보기 |

ㄱ. 사다리꼴　　ㄴ. 등변사다리꼴
ㄷ. 평행사변형　　ㄹ. 직사각형
ㅁ. 마름모　　ㅂ. 정사각형

(1) 두 대각선의 길이가 같다.

____

(2) 두 대각선이 서로 다른 것을 이등분한다.

____

(3) 두 대각선이 직교한다.

____

(4) 두 대각선이 서로 다른 것을 수직이등분한다.

____

(5) 두 대각선의 길이가 같고, 서로 다른 것을 수직이등분한다.

____

3

아래 그림과 같은 평행사변형 ABCD가 다음 조건을 만족시키면 어떤 사각형이 되는지 말하시오.

(단, 점 O는 두 대각선의 교점이다.)

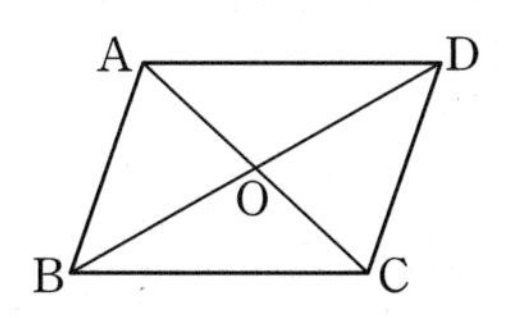

(1) $\angle BAD=90^\circ$

(2) $\overline{AC}\perp\overline{BD}$

(3) $\overline{AB}=\overline{BC}$

(4) $\overline{AC}=\overline{BD}$, $\angle AOD=90^\circ$

(5) $\angle ADC=90^\circ$, $\overline{AD}=\overline{DC}$

(6) $\angle BAD=\angle ABC$, $\overline{AC}\perp\overline{BD}$

교과서 문제로 **개념 다지기**

4

다음 그림은 사다리꼴에 조건이 하나씩 추가되어 여러 가지 사각형이 되는 과정을 나타낸 것이다. ①~⑤에 알맞은 조건으로 옳지 않은 것은?

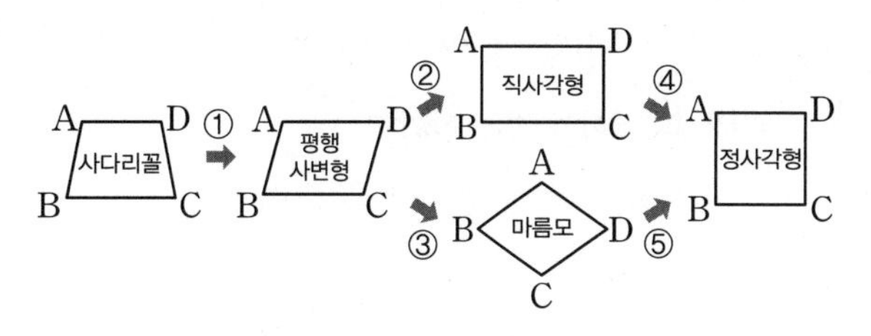

① $\overline{AB}/\!/\overline{DC}$　② $\angle A=90^\circ$

③ $\overline{AC}\perp\overline{BD}$　④ $\overline{AC}=\overline{BD}$

⑤ $\overline{AC}=\overline{BD}$

5

다음 중 두 대각선이 직교하는 사각형을 모두 고르면? (정답 2개)

① 평행사변형　② 직사각형　③ 마름모

④ 정사각형　⑤ 등변사다리꼴

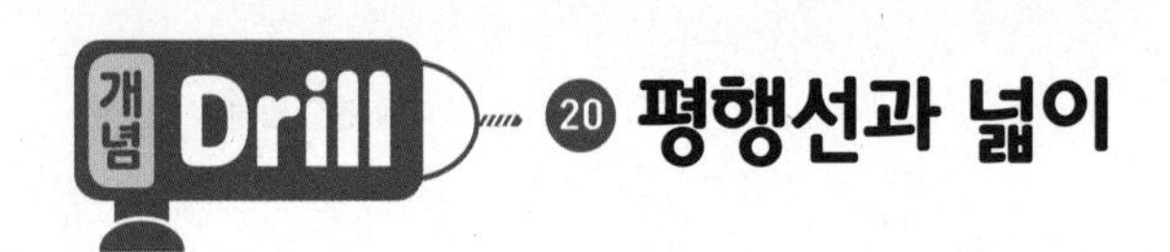

1

아래 그림과 같이 $\overline{AD} /\!/ \overline{BC}$인 사다리꼴 ABCD에서 두 대각선의 교점을 O라 할 때, 다음을 구하시오.

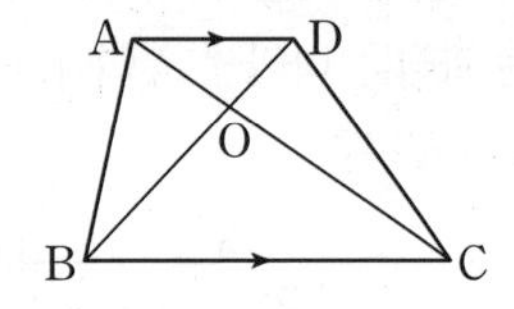

(1) $\triangle ABC$와 넓이가 같은 삼각형

(2) $\triangle ABD$와 넓이가 같은 삼각형

(3) $\triangle ABO$와 넓이가 같은 삼각형

(4) $\triangle ABC=22$일 때, $\triangle DBC$의 넓이

(5) $\triangle ABD=18$일 때, $\triangle ACD$의 넓이

2

아래 그림과 같이 $\overline{AD} /\!/ \overline{BC}$인 사다리꼴 ABCD에서 두 대각선의 교점을 O라 할 때, 다음을 구하시오.

(1) $\triangle ABO=16$, $\triangle AOD=8$일 때, $\triangle ACD$의 넓이

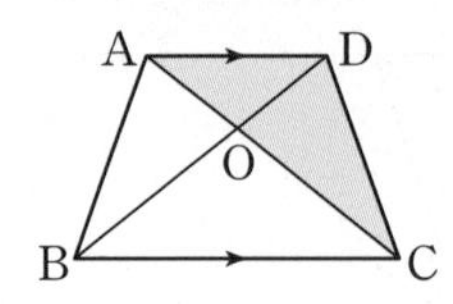

(2) $\triangle ABD=32$, $\triangle DOC=20$일 때, $\triangle AOD$의 넓이

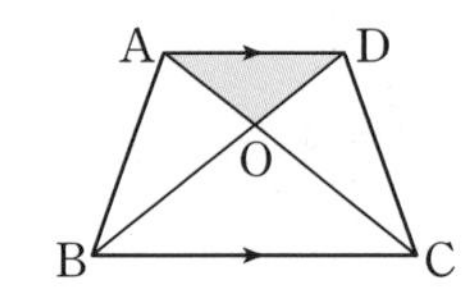

(3) $\triangle ABC=50$, $\triangle OBC=30$일 때, $\triangle DOC$의 넓이

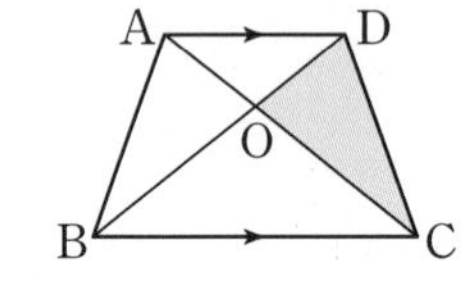

(4) $\triangle ABO=12$, $\triangle DBC=40$일 때, $\triangle OBC$의 넓이

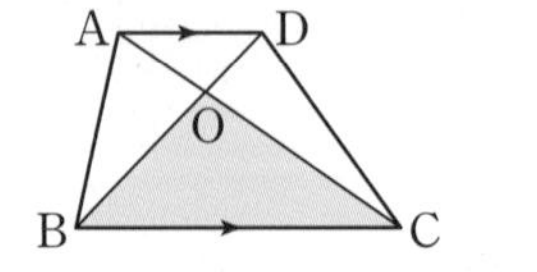

정답 및 해설 112쪽

3

아래 그림과 같은 $\triangle ABC$에서 다음을 구하시오.

(1) $\triangle ABC=36$, $\overline{BD}:\overline{DC}=5:4$일 때, $\triangle ADC$의 넓이

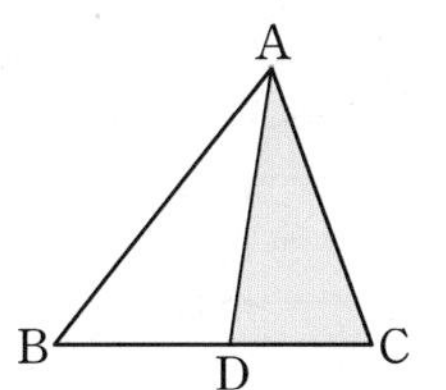

(2) $\triangle ABC=32$, $\overline{BD}:\overline{DC}=1:3$일 때, $\triangle ABD$의 넓이

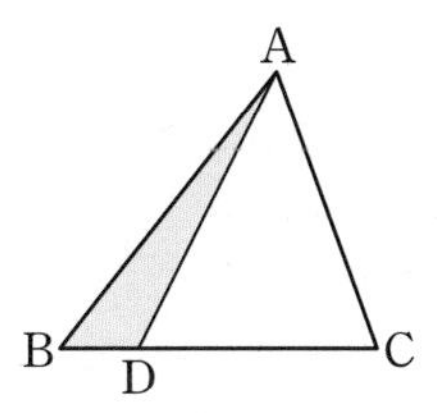

(3) $\triangle ABD=20$, $\overline{BD}:\overline{DC}=5:3$일 때, $\triangle ADC$의 넓이

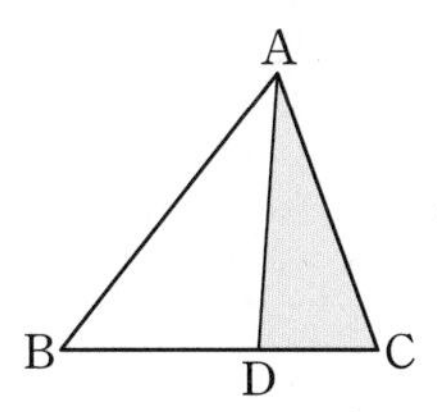

(4) $\triangle ADC=12$, $\overline{BD}:\overline{DC}=7:2$일 때, $\triangle ABD$의 넓이

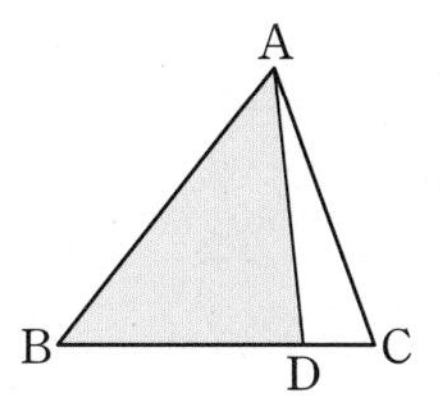

교과서 문제로 개념 다지기

4

오른쪽 그림과 같이 $\overline{AD}/\!/\overline{BC}$인 사다리꼴 ABCD에서 두 대각선의 교점을 O라 하자. $\triangle ACD$의 넓이가 $18\,\text{cm}^2$, $\triangle AOD$의 넓이가 $6\,\text{cm}^2$일 때, $\triangle ABO$의 넓이를 구하시오.

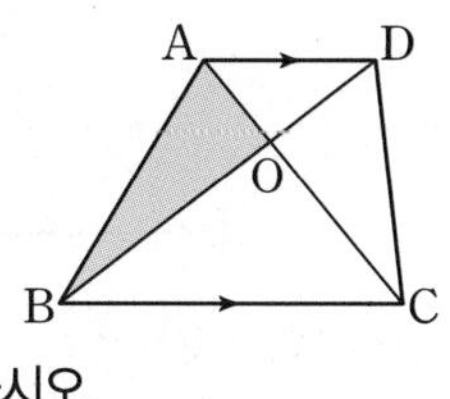

5

오른쪽 그림과 같은 $\triangle ABC$에서 $\overline{BD}:\overline{DC}=2:5$이다. $\triangle ADC$의 넓이가 $35\,\text{cm}^2$일 때, $\triangle ABC$의 넓이는?

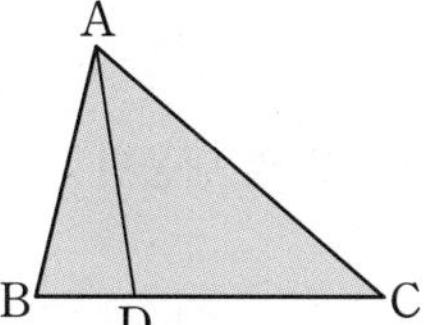
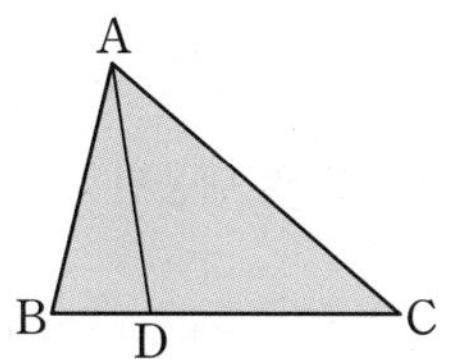

① $40\,\text{cm}^2$　② $42\,\text{cm}^2$
③ $44\,\text{cm}^2$　④ $46\,\text{cm}^2$
⑤ $49\,\text{cm}^2$

21 닮은 도형

1

아래 그림에서 $\triangle ABC \backsim \triangle DEF$일 때, 다음을 구하시오.

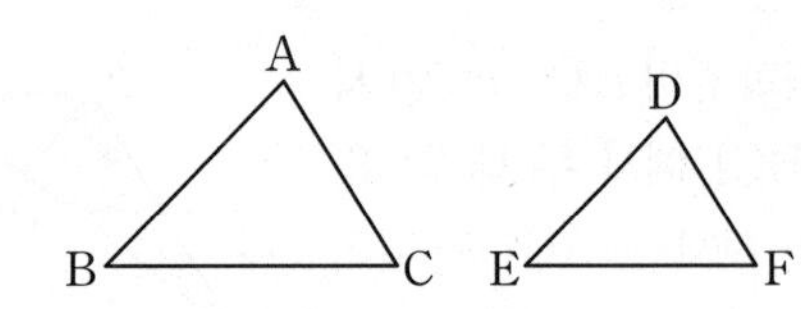

(1) 점 B의 대응점

(2) 점 F의 대응점

(3) $\overline{BC}$의 대응변

(4) $\overline{DF}$의 대응변

(5) $\angle C$의 대응각

(6) $\angle D$의 대응각

2

아래 그림에서 $\square ABCD \backsim \square EFGH$일 때, 다음을 구하시오.

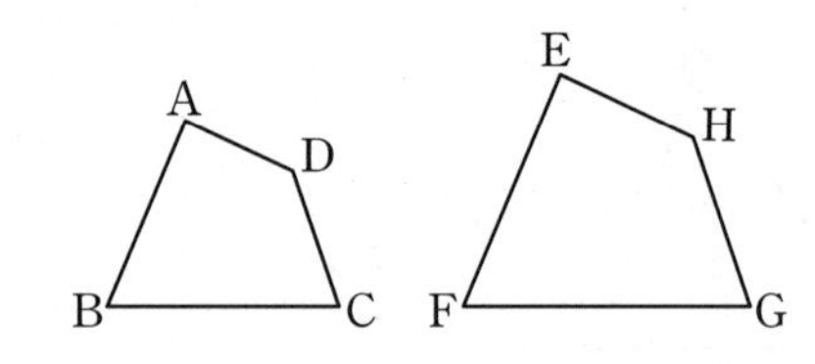

(1) 점 C의 대응점

(2) 점 F의 대응점

(3) $\overline{AD}$의 대응변

(4) $\overline{FG}$의 대응변

(5) $\angle B$의 대응각

(6) $\angle H$의 대응각

3

아래 그림에서 $\triangle ABC \backsim \triangle DEF$일 때, 다음을 구하시오.

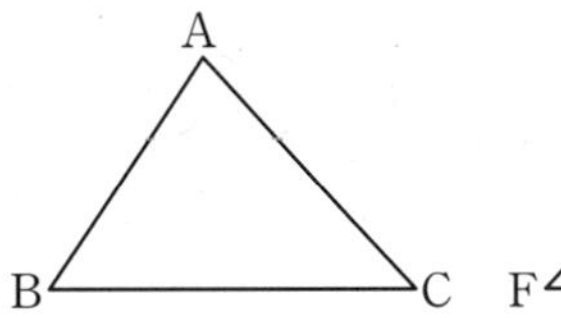

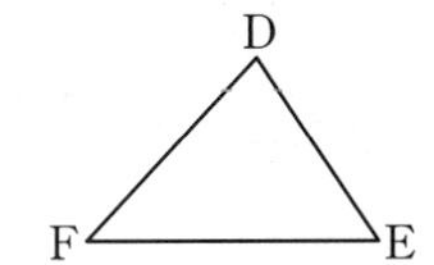

(1) 점 F의 대응점

____

(2) $\overline{DE}$의 대응변

____

(3) $\angle B$의 대응각

____

4

아래 그림에서 $\square ABCD \backsim \square EFGH$일 때, 다음을 구하시오.

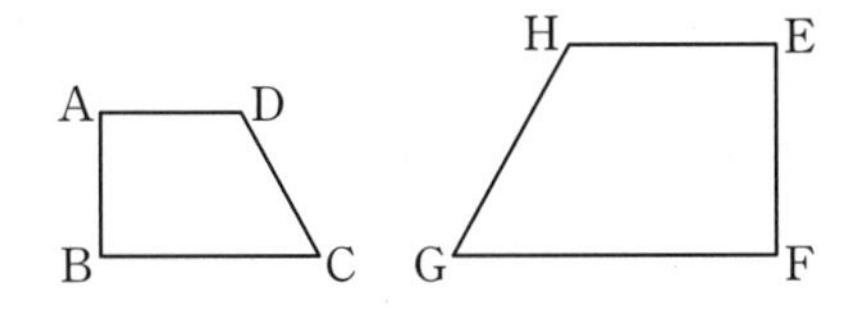

(1) 점 E의 대응점

____

(2) $\overline{DC}$의 대응변

____

(3) $\angle F$의 대응각

____

교과서 문제로 개념 다지기

5

다음 그림에서 $\triangle ABC \backsim \triangle DEF$일 때, 점 E의 대응점, $\overline{AB}$의 대응변, $\angle F$의 대응각을 차례로 나열한 것은?

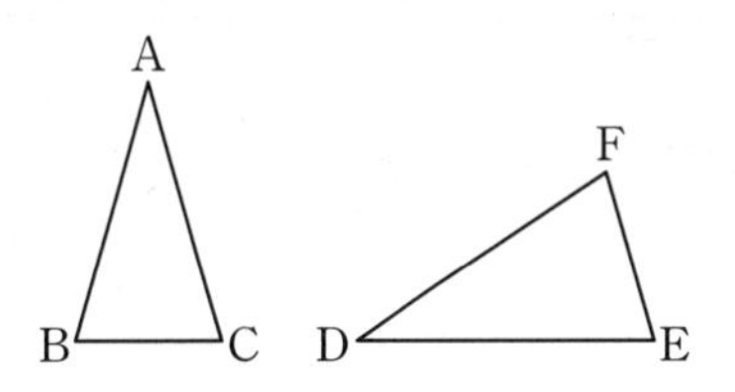

① 점 A, $\overline{DE}$, $\angle B$
② 점 A, $\overline{DF}$, $\angle C$
③ 점 B, $\overline{DE}$, $\angle C$
④ 점 B, $\overline{DF}$, $\angle B$
⑤ 점 C, $\overline{DE}$, $\angle C$

6

다음 그림에서 두 삼각기둥은 서로 닮은 도형이고, $\overline{AB}$에 대응하는 모서리가 $\overline{GH}$일 때, $\overline{EF}$에 대응하는 모서리와 면 ADEB에 대응하는 면을 차례로 말하시오.

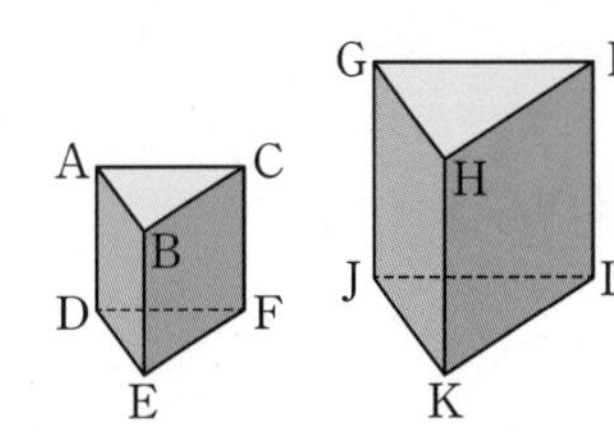

____

1

아래 그림에서 $\triangle ABC \backsim \triangle DEF$일 때, 다음을 구하시오.

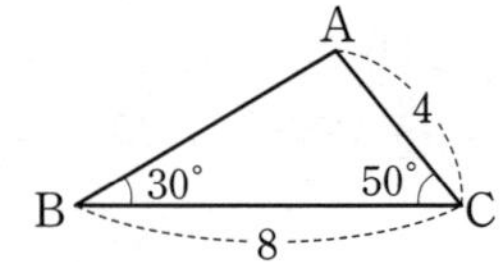

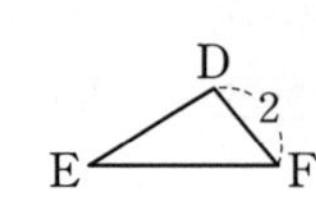

(1) $\triangle ABC$와 $\triangle DEF$의 닮음비

(2) $\overline{EF}$의 길이

(3) $\angle E$의 크기

(4) $\angle F$의 크기

2

아래 그림에서 $\triangle ABC \backsim \triangle DEF$일 때, 다음을 구하시오.

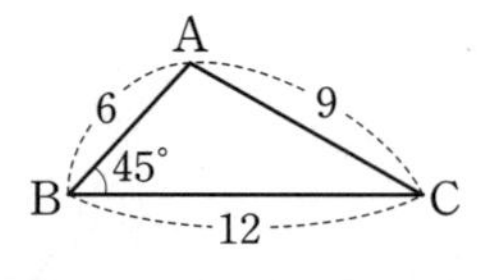

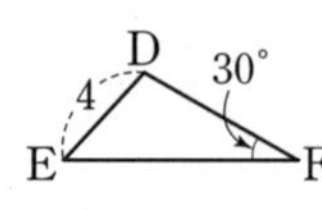

(1) $\triangle ABC$와 $\triangle DEF$의 닮음비

(2) $\overline{DF}$의 길이

(3) $\overline{EF}$의 길이

(4) $\triangle DEF$의 둘레의 길이

(5) $\angle E$의 크기

(6) $\angle D$의 크기

3

아래 그림에서 □ABCD∽□EFGH일 때, 다음을 구하시오.

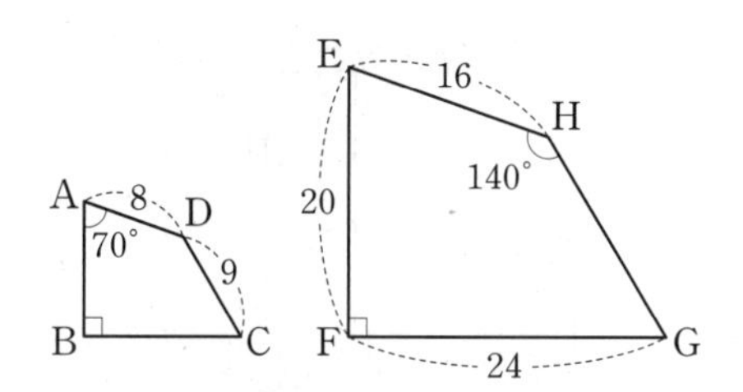

(1) □ABCD와 □EFGH의 닮음비

(2) $\overline{BC}$의 길이

(3) $\overline{HG}$의 길이

(4) □ABCD의 둘레의 길이

(5) ∠D의 크기

(6) ∠G의 크기

교과서 문제로 **개념 다지기**

4

아래 그림에서 △ABC∽△DEF일 때, 다음 중 옳지 않은 것은?

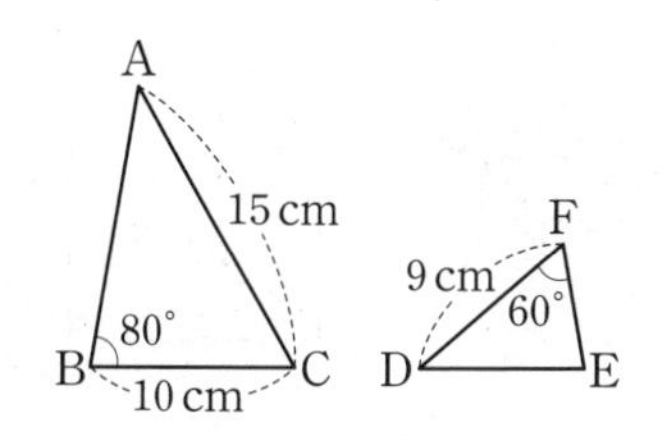

① △ABC와 △DEF의 닮음비는 5 : 3이다.
② $\overline{AB}$: $\overline{DE}$=5 : 3
③ $\overline{EF}$=3 cm
④ ∠C=60°
⑤ ∠D=40°

5

다음 그림에서 □ABCD∽□EFGH이고 □ABCD와 □EFGH의 닮음비가 3 : 4일 때, □EFGH의 둘레의 길이를 구하시오.

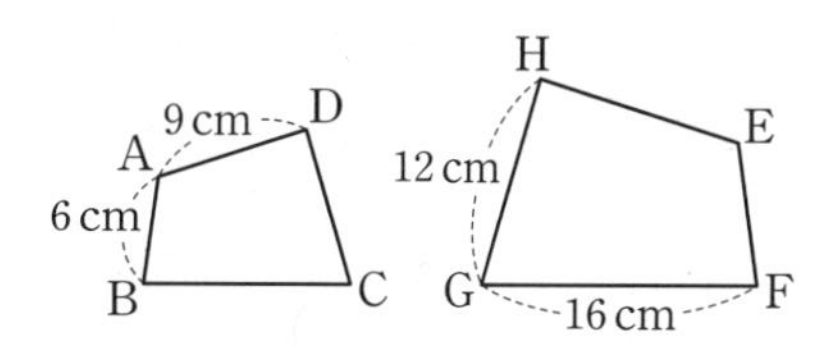

3

도형의 닮음

23 입체도형에서의 닮음의 성질

1

아래 그림에서 두 직육면체는 서로 닮은 도형이고 면 ABCD에 대응하는 면이 면 IJKL일 때, 다음을 구하시오.

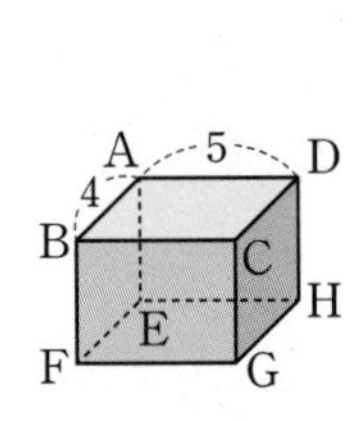

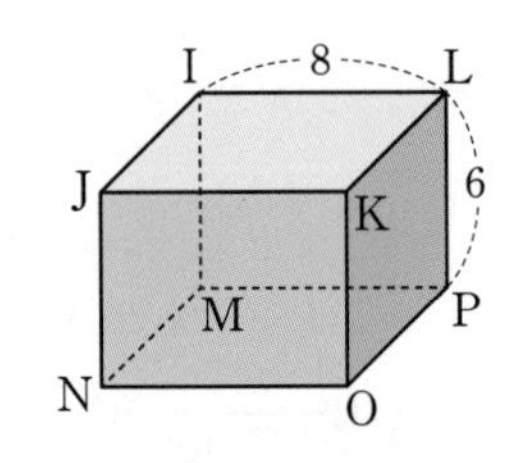

(1) 두 직육면체의 닮음비

(2) 면 BFGC에 대응하는 면

(3) $\overline{IJ}$의 길이

(4) $\overline{DH}$의 길이

2

아래 그림에서 두 삼각기둥은 서로 닮은 도형이고 $\triangle ABC \backsim \triangle GHI$일 때, 다음을 구하시오.

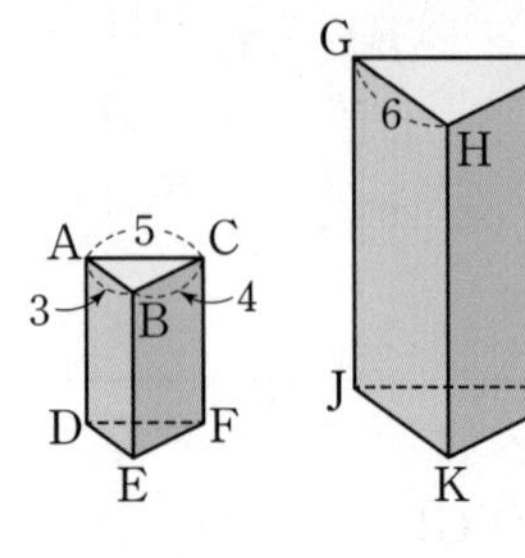

(1) 두 삼각기둥의 닮음비

(2) 면 ADEB에 대응하는 면

(3) $\overline{CF}$의 길이

(4) $\overline{GI}$의 길이

(5) $\overline{HI}$의 길이

3

아래 그림에서 두 직육면체는 서로 닮은 도형이다.
면 ABCD에 대응하는 면이 면 IJKL이고 닮음비가 $2:3$일 때, 다음을 구하시오.

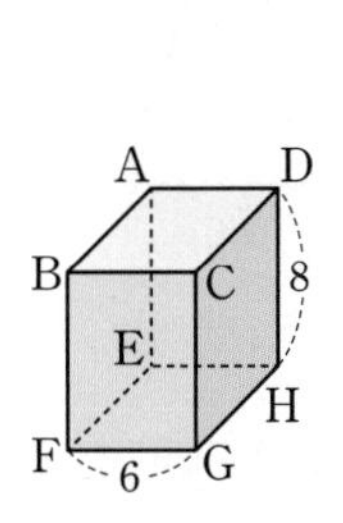

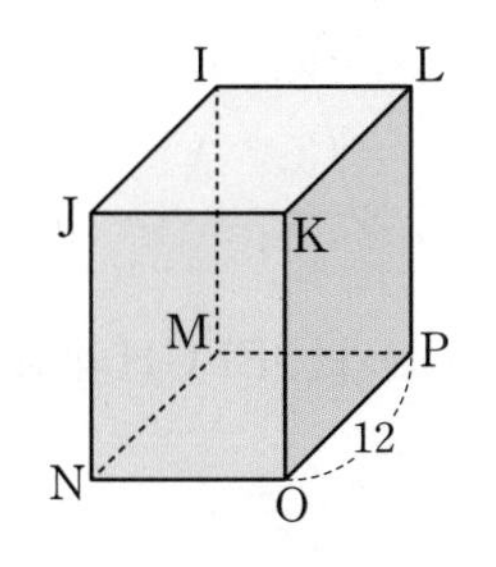

(1) $\overline{GH}$의 길이

(2) □EFGH의 둘레의 길이

(3) $\overline{LP}$의 길이

(4) □JNMI의 둘레의 길이

교과서 문제로 **개념 다지기**

4

다음 그림에서 두 직육면체는 서로 닮은 도형이다. $\overline{AD}$에 대응하는 모서리가 $\overline{IL}$일 때, $x+y$의 값을 구하시오.

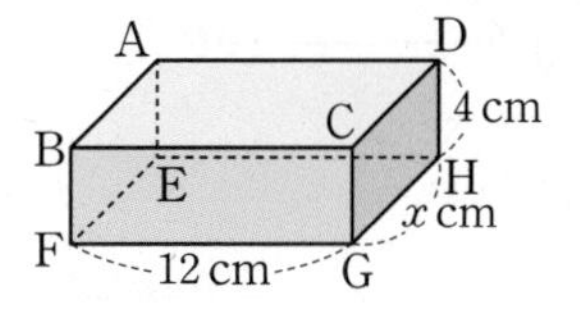

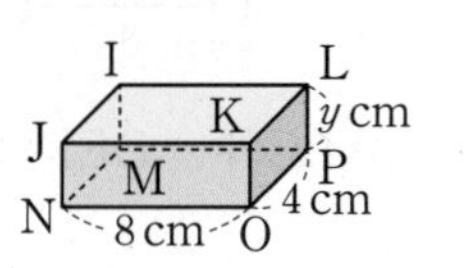

5

아래 그림에서 두 원뿔이 서로 닮은 도형일 때, 다음을 구하시오.

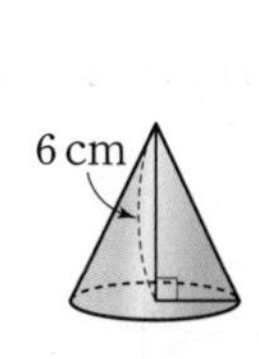

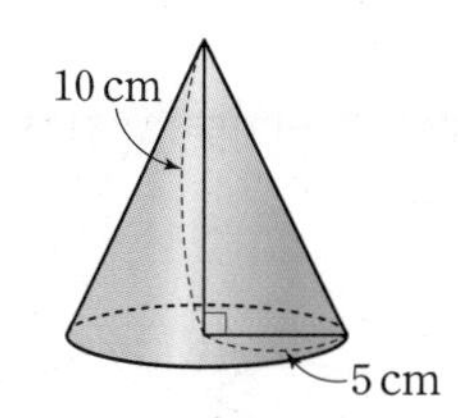

(1) 두 원뿔의 닮음비

(2) 작은 원뿔의 밑면의 반지름의 길이

(3) 작은 원뿔의 부피

㉔ 닮은 도형의 넓이의 비와 부피의 비

1

아래 그림에서 $\triangle ABC \backsim \triangle DEF$일 때, 다음을 구하시오.

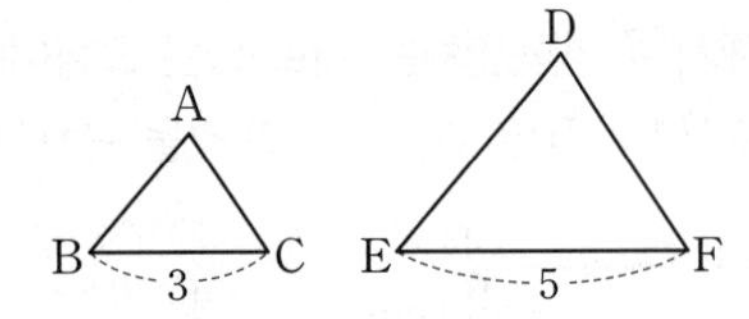

(1) $\triangle ABC$와 $\triangle DEF$의 닮음비

(2) $\triangle ABC$와 $\triangle DEF$의 둘레의 길이의 비

(3) $\triangle ABC$와 $\triangle DEF$의 넓이의 비

2

아래 그림에서 두 원기둥 A, B가 서로 닮은 도형일 때, 다음을 구하시오.

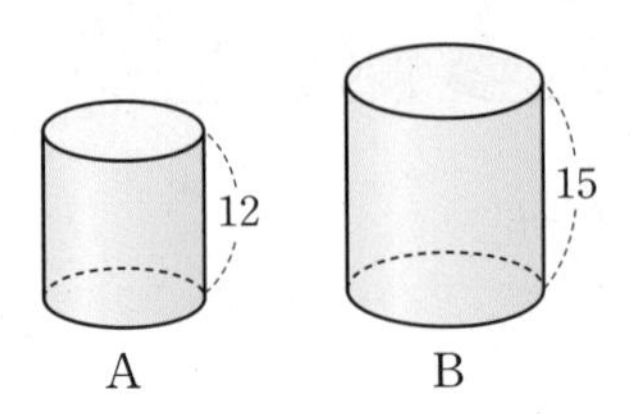

(1) 두 원기둥 A와 B의 닮음비

(2) 두 원기둥 A와 B의 겉넓이의 비

(3) 두 원기둥 A와 B의 부피의 비

3

아래 그림에서 $\square ABCD \backsim \square EFGH$일 때, 다음을 구하시오.

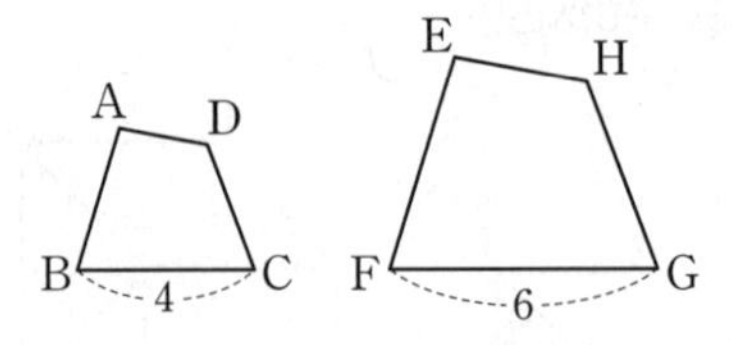

(1) $\square ABCD$와 $\square EFGH$의 닮음비

(2) $\square ABCD$와 $\square EFGH$의 둘레의 길이의 비

(3) $\square ABCD$와 $\square EFGH$의 넓이의 비

(4) $\square ABCD$의 둘레의 길이가 14일 때, $\square EFGH$의 둘레의 길이

(5) $\square EFGH$의 넓이가 27일 때, $\square ABCD$의 넓이

4

아래 그림에서 두 직육면체 A, B가 서로 닮은 도형일 때, 다음을 구하시오.

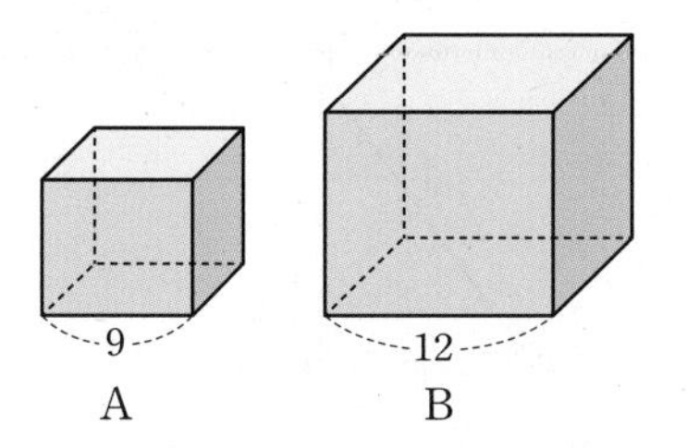

(1) 두 직육면체 A와 B의 닮음비

(2) 두 직육면체 A와 B의 옆넓이의 비

(3) 두 직육면체 A와 B의 부피의 비

(4) 직육면체 A의 겉넓이가 288일 때, 직육면체 B의 겉넓이

(5) 직육면체 B의 부피가 768일 때, 직육면체 A의 부피

교과서 문제로 **개념 다지기**

5

△ABC와 △DEF가 서로 닮은 도형이고, 두 삼각형의 닮음비가 3 : 2이다. △ABC의 넓이가 12 cm^2일 때, △DEF의 넓이를 구하시오.

6

아래 그림에서 서로 닮은 두 직육면체 A, B의 겉넓이의 비가 9 : 16이고, 직육면체 A의 부피가 54 cm^3일 때, 다음을 구하시오.

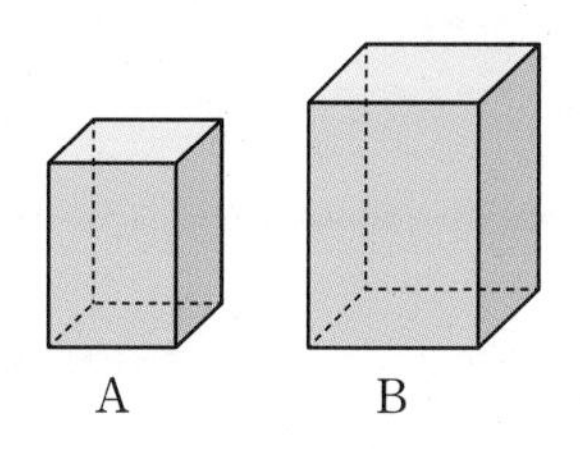

(1) 두 직육면체 A와 B의 닮음비

(2) 두 직육면체 A와 B의 부피의 비

(3) 직육면체 B의 부피

개념 Drill 25 삼각형의 닮음 조건

1

다음 그림에서 두 삼각형이 서로 닮은 도형일 때, □ 안에 알맞은 것을 쓰시오.

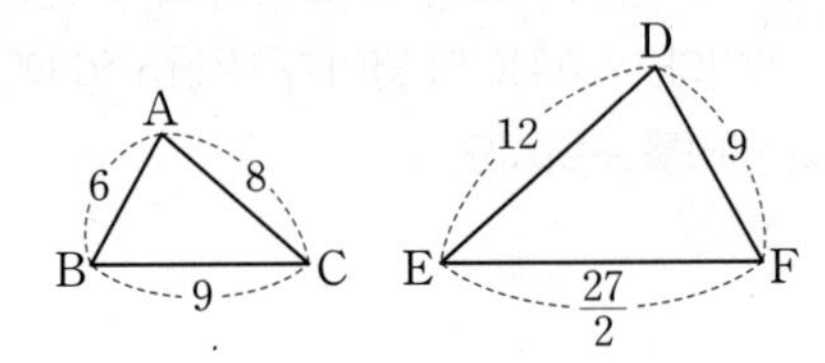

(1) $\overline{AB}:\overline{DF}=6:\square=\square:\square$

(2) $\overline{BC}:\overline{FE}=9:\square=\square:\square$

(3) $\overline{AC}:\overline{DE}=\square:\square=\square:\square$

(4) 세 쌍의 □의 길이의 비가 같으므로
△ABC∽□(□ 닮음)

2

다음은 두 삼각형이 서로 닮은 도형임을 설명하는 과정이다. □ 안에 알맞은 것을 쓰시오.

(1)

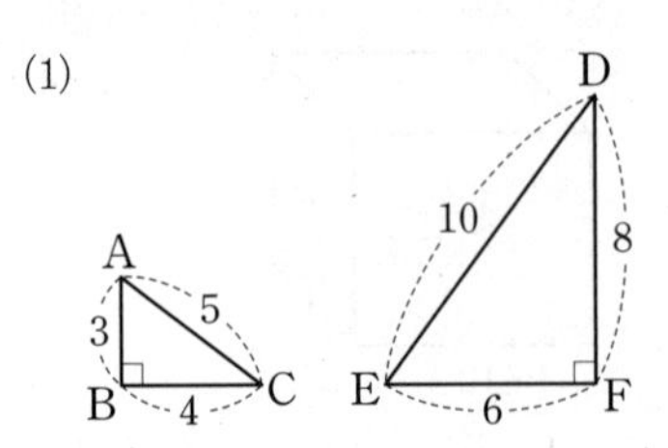

△ABC와 □에서
$\overline{AB}:\overline{EF}=3:\square=\square:\square$
$\square:\overline{FD}=\square:8=\square:\square$
$\overline{AC}:\square=5:\square=\square:\square$
∴ △ABC∽□(□ 닮음)

(2)

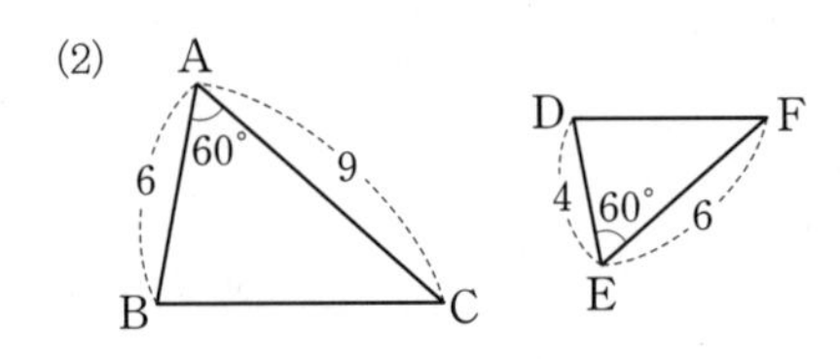

△ABC와 □에서
$\overline{AB}:\overline{ED}=6:4=\square:\square$
$\overline{AC}:\square=9:\square=\square:\square$
∠A=∠E=□
∴ △ABC∽□(□ 닮음)

(3)

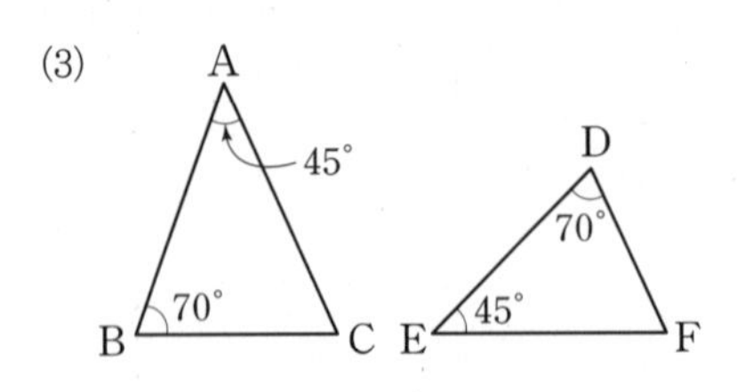

△ABC와 □에서
∠A=∠□=□
∠B=∠□=□
∴ △ABC∽□(□ 닮음)

● 정답 및 해설 114쪽

3

다음 중 아래 그림에서 $\triangle ABC \backsim \triangle DEF$가 되게 하는 조건인 것은 ○표, 조건이 아닌 것은 ×표를 ( ) 안에 쓰시오.

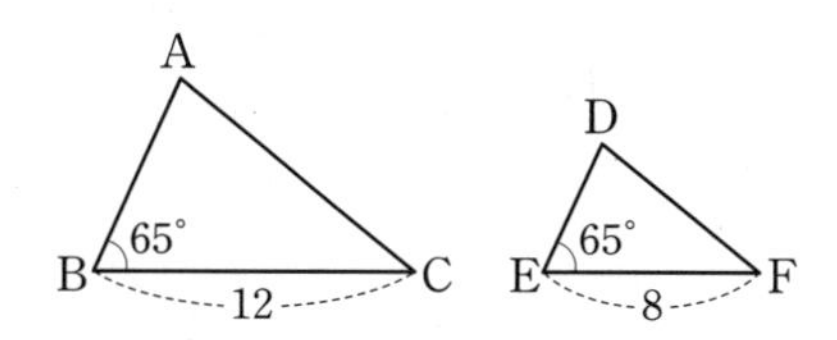

(1) $\overline{AB}=6$, $\overline{DE}=4$ ( )

(2) $\angle C=35^\circ$, $\angle F=50^\circ$ ( )

(3) $\overline{AB}=9$, $\overline{DE}=5$ ( )

(4) $\angle A=75^\circ$, $\angle D=75^\circ$ ( )

(5) $\overline{AC}=9$, $\overline{DF}=6$ ( )

교과서 문제로 **개념 다지기**

4

다음 삼각형과 닮은 삼각형을 |보기|에서 찾아 기호 ∽를 사용하여 나타내시오.

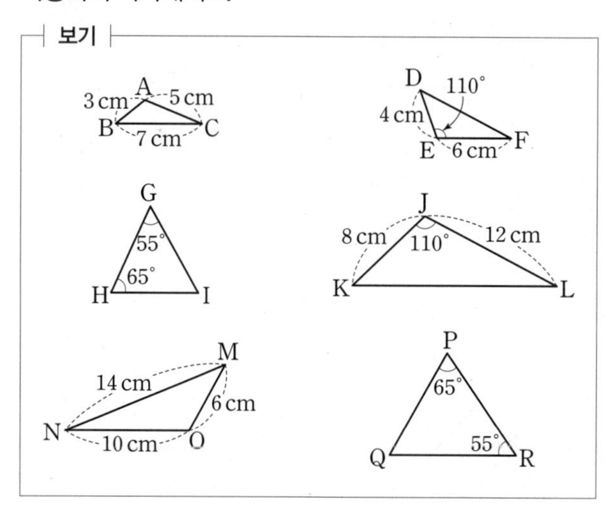

(1) $\triangle ABC$ ________

(2) $\triangle DEF$ ________

(3) $\triangle GHI$ ________

개념 Drill ㉖ 삼각형의 닮음 조건의 응용

1

다음 그림에서 $\triangle ABC$와 닮은 삼각형을 찾아 기호 $\backsim$를 사용하여 나타내고, 닮음 조건을 말하시오.

(1)

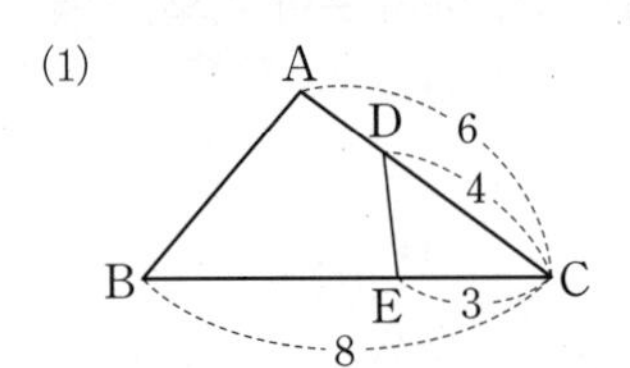

$\triangle ABC \backsim$ ☐, ________

(2)

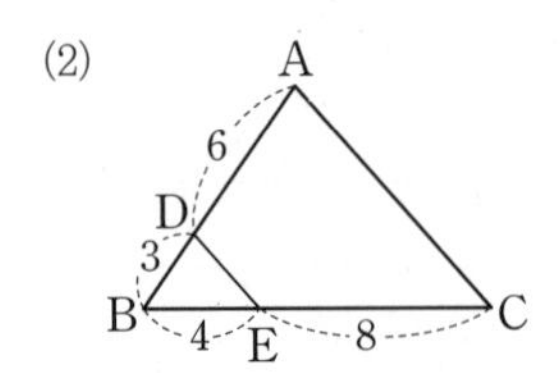

$\triangle ABC \backsim$ ☐, ________

(3)

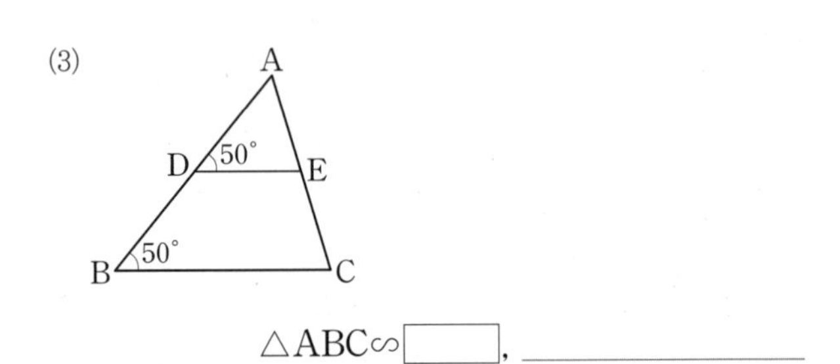

$\triangle ABC \backsim$ ☐, ________

(4)

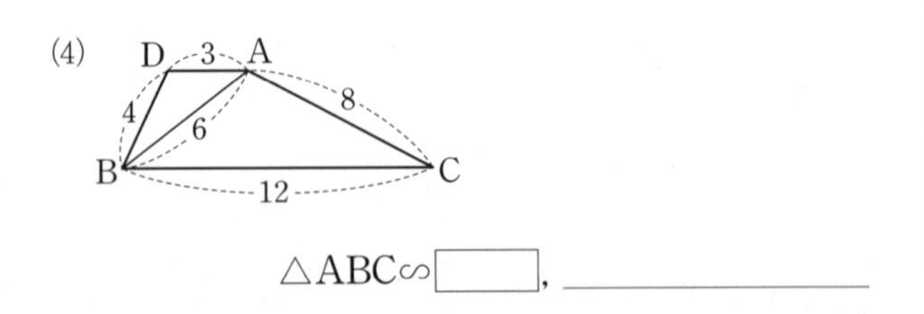

$\triangle ABC \backsim$ ☐, ________

(5)

$\triangle ABC \backsim$ ☐, ________

(6)

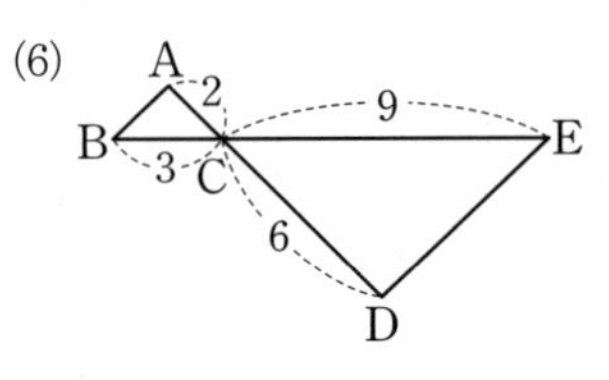

(단, 점 C는 $\overline{AD}$와 $\overline{BE}$의 교점이다.)

$\triangle ABC \backsim$ ☐, ________

(7)

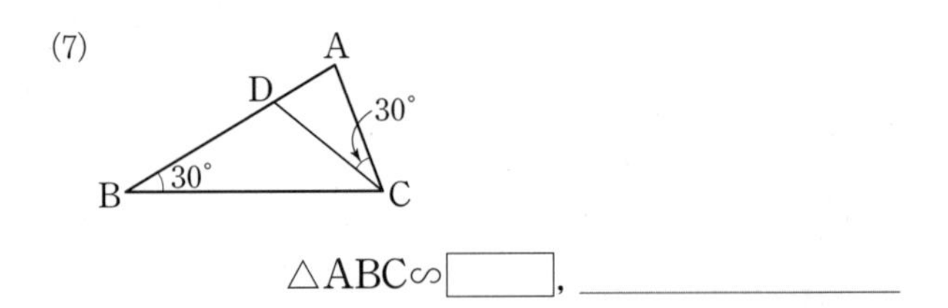

$\triangle ABC \backsim$ ☐, ________

(8)

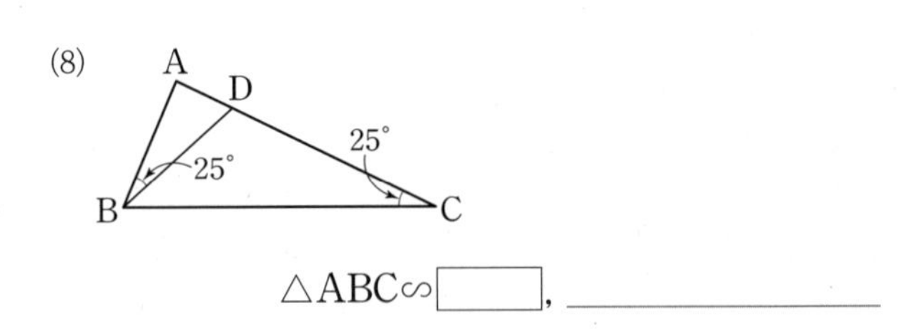

$\triangle ABC \backsim$ ☐, ________

(9)

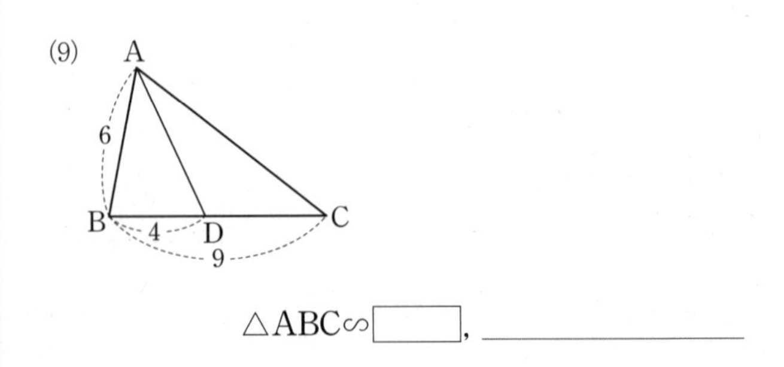

$\triangle ABC \backsim$ ☐, ________

2

다음 그림에서 $\triangle ABC$와 닮은 삼각형을 찾고, x의 값을 구하시오.

(1)

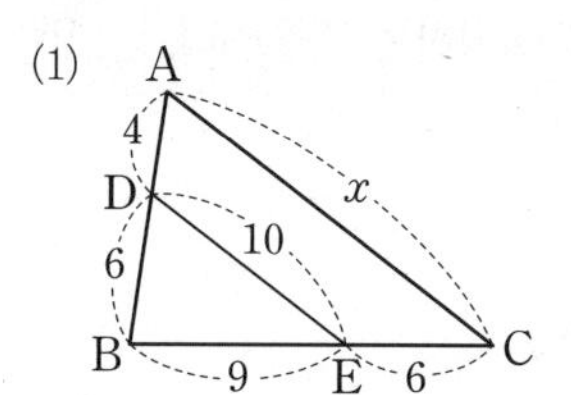

(2)

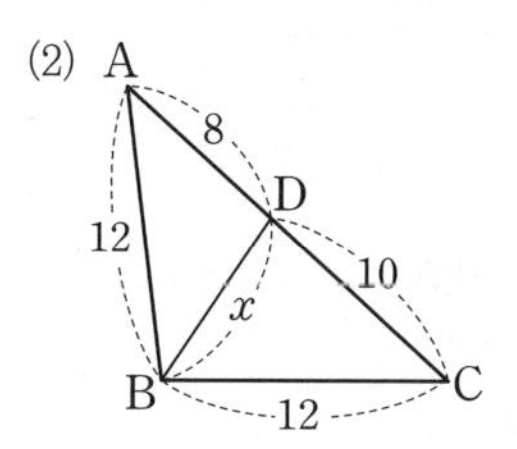

(3)

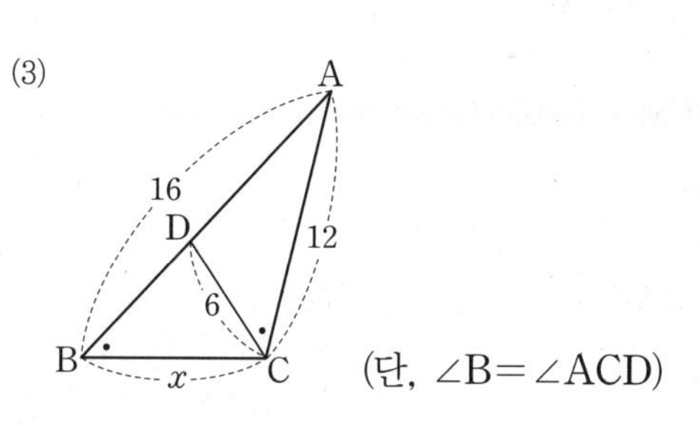

(단, $\angle B=\angle ACD$)

(4)

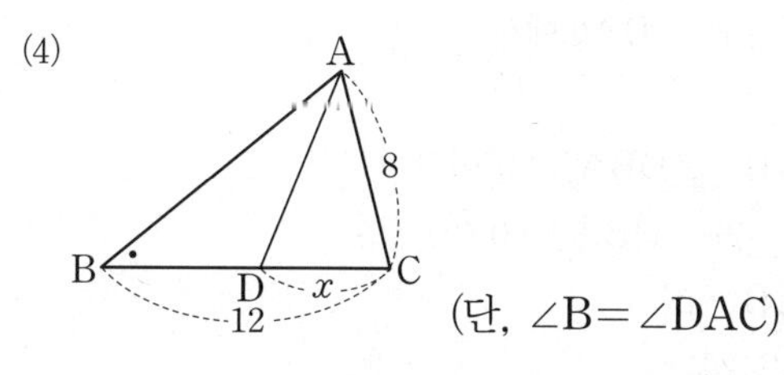

(단, $\angle B=\angle DAC$)

교과서 문제로 **개념 다지기**

3

다음 그림과 같은 $\triangle ABC$에서 $\overline{AC}$의 길이를 구하시오.

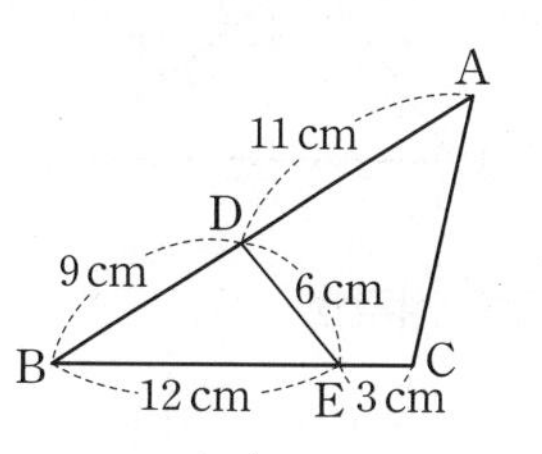

4

다음 그림과 같은 $\triangle ABC$에서 $\angle A=\angle DEC$일 때, $\overline{BE}$의 길이를 구하시오.

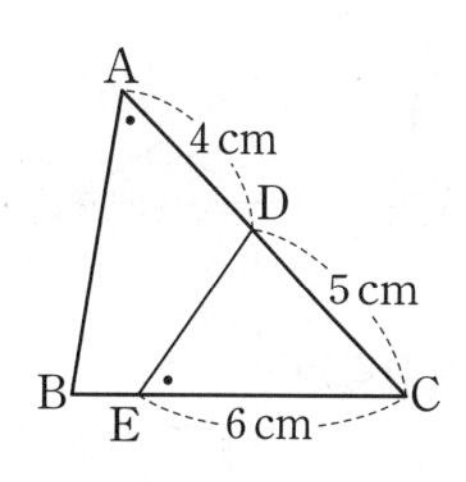

27 직각삼각형의 닮음

1

아래 그림과 같은 $\triangle ABC$에서 다음을 구하시오.

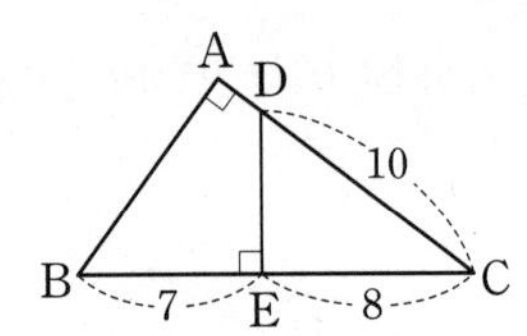

(1) $\triangle ABC$와 닮은 삼각형

____

(2) $\overline{AC}$의 길이

____

2

아래 그림과 같은 $\triangle ABC$에서 다음을 구하시오.

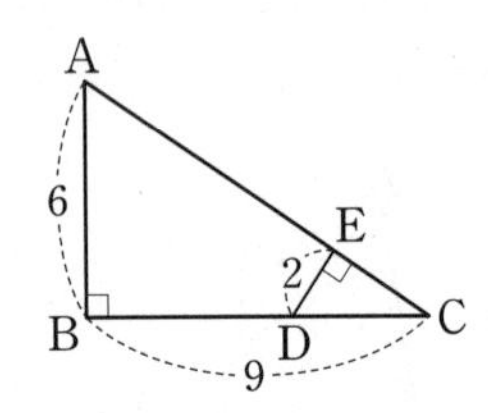

(1) $\triangle ABC$와 닮은 삼각형

____

(2) $\overline{EC}$의 길이

____

3

아래 그림과 같이 $\angle A=90°$인 직각삼각형 ABC의 꼭짓점 A에서 빗변 BC에 내린 수선의 발을 D라 할 때, 다음은 두 직각삼각형이 닮은 도형임을 설명하는 과정이다. □ 안에 알맞은 것을 쓰시오.

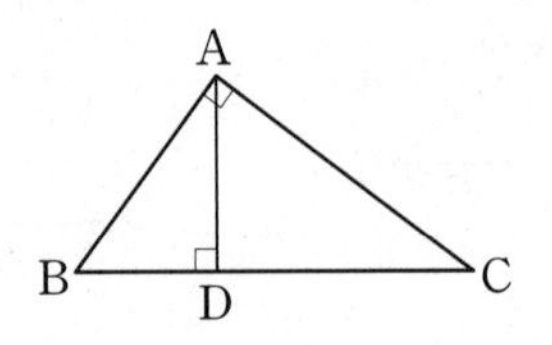

(1) $\triangle ABC$와 $\triangle DBA$

> $\triangle ABC$와 $\triangle DBA$에서
> $\angle$□는 공통
> $\angle BAC=\angle$□$=90°$
> $\therefore \triangle ABC \backsim$□(□ 닮음)

(2) $\triangle ABC$와 $\triangle DAC$

> $\triangle ABC$와 $\triangle DAC$에서
> $\angle$□는 공통
> $\angle BAC=\angle$□$=90°$
> $\therefore \triangle ABC \backsim$□(□ 닮음)

(3) $\triangle DBA$와 $\triangle DAC$

> $\triangle DBA$와 $\triangle DAC$에서
> $\angle ADB=\angle$□$=90°$
> $\angle DAB+\angle DBA=90°$이고
> $\angle$□$+\angle DBA=90°$이므로
> $\angle DAB=\angle$□
> $\therefore \triangle DBA \backsim$□(□ 닮음)

● 정답 및 해설 114쪽

4

다음 그림과 같은 직각삼각형 ABC에서 x의 값을 구하려고 한다. □ 안에 알맞은 것을 쓰고, x의 값을 구하시오.

(1)

$\triangle ABC \backsim \triangle DBA$ (□ 닮음)이므로

$\overline{AB} : \overline{DB} = □ : \overline{AB}$

$\therefore □^2 = □ \times □$

(2)

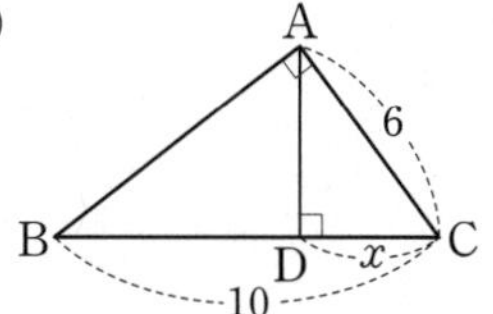

$\triangle ABC \backsim \triangle DAC$ (□ 닮음)이므로

$\overline{AC} : \overline{DC} = □ : \overline{AC}$

$\therefore □^2 = □ \times □$

(3)

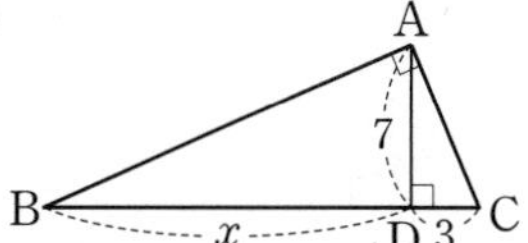

$\triangle DBA \backsim \triangle DAC$ (□ 닮음)이므로

$\overline{DB} : □ = □ : \overline{DC}$

$\therefore □^2 = □ \times □$

교과서 문제로 **개념 다지기**

5

다음 그림과 같은 직각삼각형 ABC에서 x의 값을 구하시오.

(1)

(2)

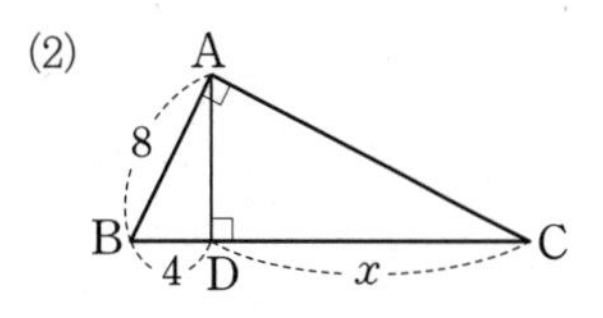

6

다음 그림과 같이 $\angle A = 90°$인 직각삼각형 ABC에서 $\overline{AD} \perp \overline{BC}$이고 $\overline{BD} = 9\,\text{cm}$, $\overline{CD} = 25\,\text{cm}$일 때, $\triangle ABC$의 넓이를 구하시오.

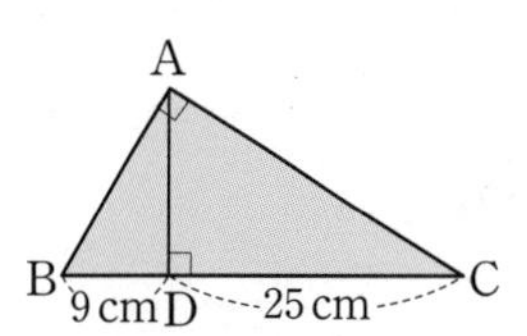

개념 Drill ㉘ 삼각형에서 평행선과 선분의 길이의 비

1

다음 그림에서 $\overline{BC} /\!/ \overline{DE}$일 때, x의 값을 구하시오.

(1)

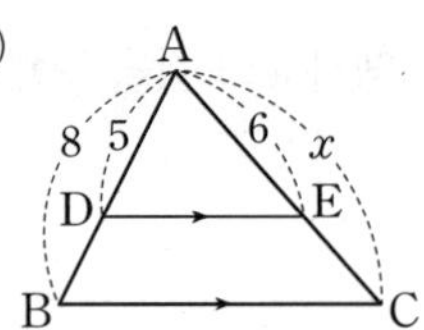

(2)

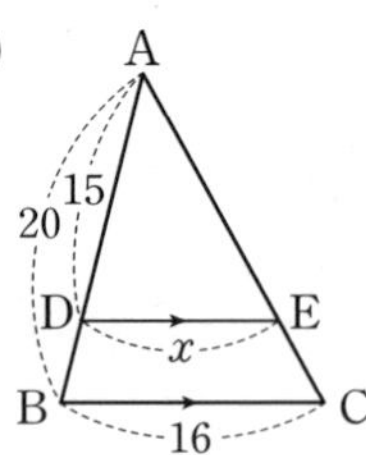

(3)

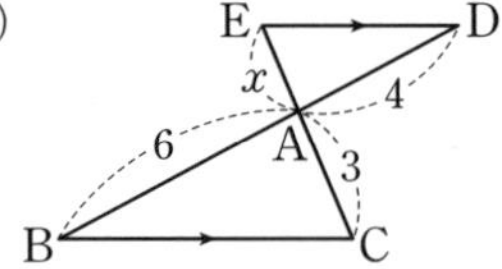

(4)

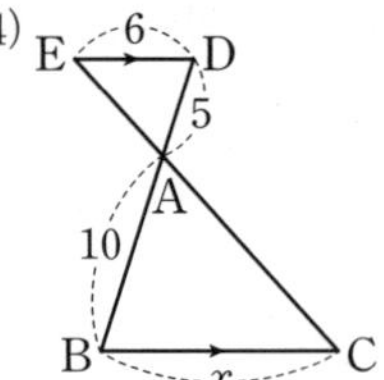

(5)

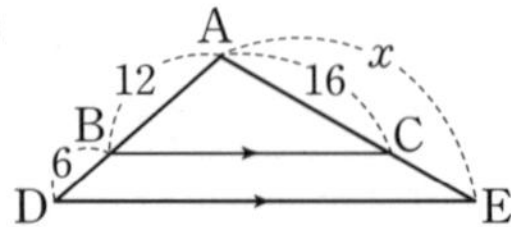

2

다음 그림에서 $\overline{BC} /\!/ \overline{DE}$일 때, x의 값을 구하시오.

(1)

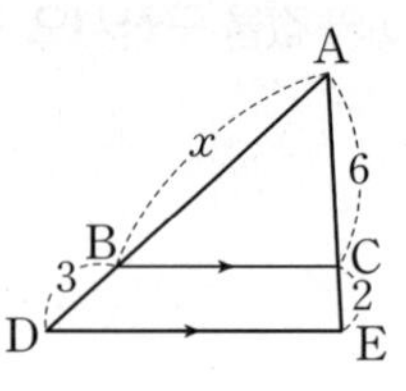

(2)

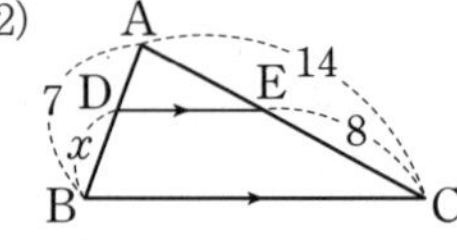

(3)

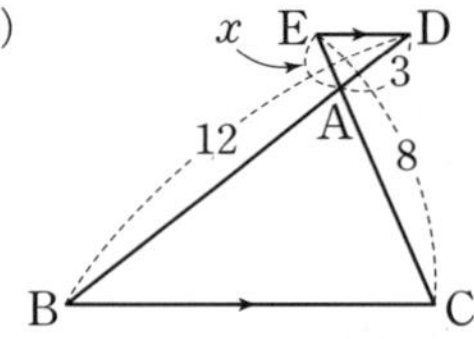

(4)

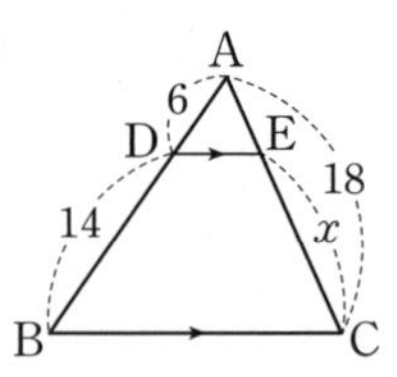

(5)

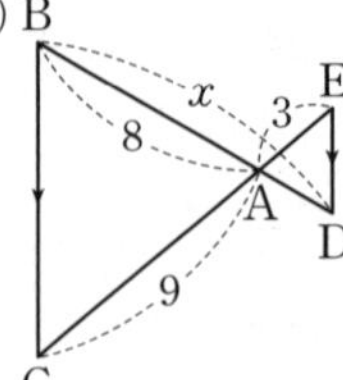

3

다음 그림에서 $\overline{BC} /\!/ \overline{DE}$인 것은 ○표, 아닌 것은 ×표를 ( ) 안에 쓰시오.

(1)

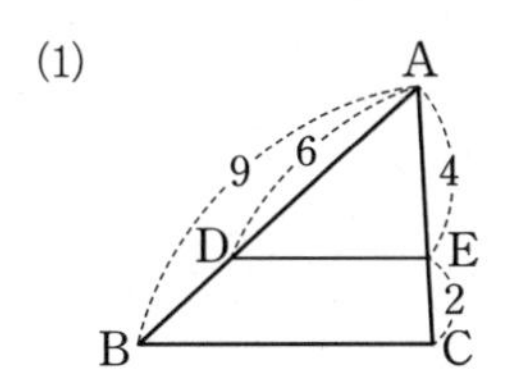

( )

(2)

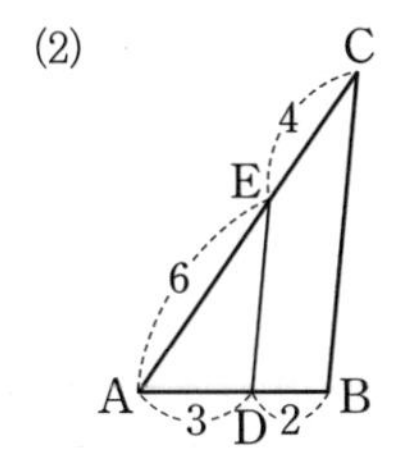

( )

(3)

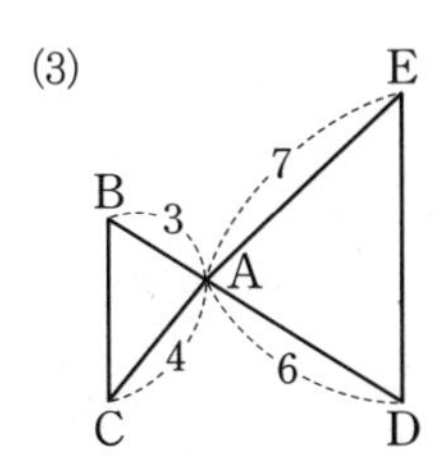

( )

(4)

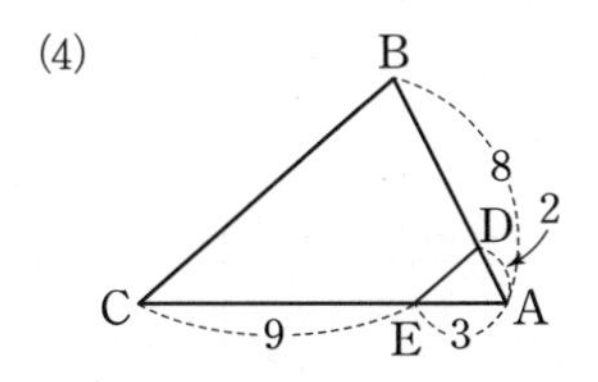

( )

(5)

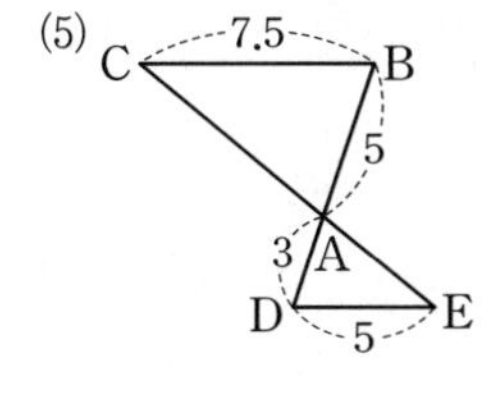

( )

교과서 문제로 개념 다지기

4

오른쪽 그림과 같은 △ABC에서 $\overline{BC} /\!/ \overline{DE}$일 때, x, y의 값을 각각 구하시오.

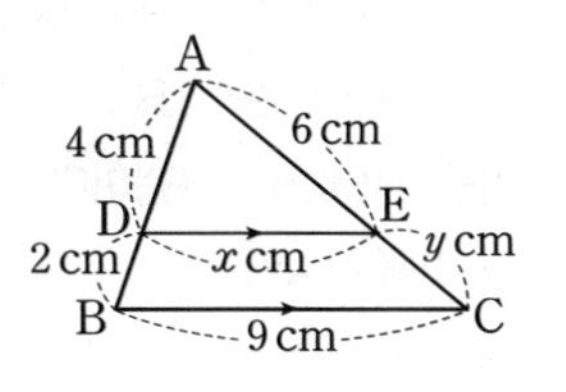

____

5

오른쪽 그림에서 $\overline{BC} /\!/ \overline{DE}$일 때, △ADE의 둘레의 길이를 구하시오.

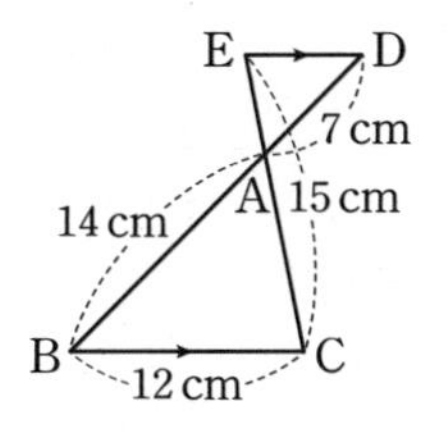

____

개념 Drill 29 삼각형의 각의 이등분선

1

다음은 오른쪽 그림과 같이 $\triangle ABC$에서 $\angle A$의 이등분선이 $\overline{BC}$와 만나는 점을 D라 할 때, $\overline{AB} : \overline{AC} = \overline{BD} : \overline{CD}$임을 설명하는 과정이다. □ 안에 알맞은 것을 쓰시오.

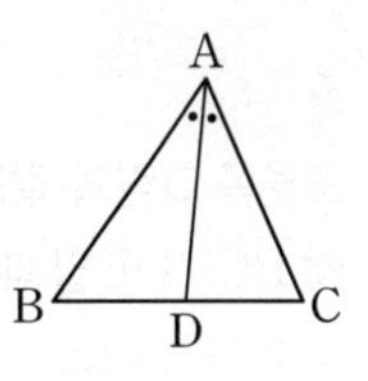

> $\triangle ABC$의 꼭짓점 C를 지나고 $\overline{AD}$에 평행한 직선을 그어 $\overline{BA}$의 연장선과 만나는 점을 E라 하면
> $\overline{AD} /\!/ \overline{EC}$이므로
> $\angle BAD = \angle AEC$ (동위각),
> $\angle CAD = $ □ (엇각)
> 이때 $\angle BAD = \angle CAD$이므로
> $\angle AEC = $ □
> 즉, $\triangle ACE$는 이등변삼각형이므로
> □ $= \overline{AE}$ ··· ㉠
> 또 $\triangle BCE$에서 $\overline{AD} /\!/ \overline{EC}$이므로
> $\overline{BA} : \overline{AE} = \overline{BD} : $ □ ··· ㉡
> 따라서 ㉠, ㉡에서 $\overline{AB} : \overline{AC} = \overline{BD} : \overline{CD}$이다.

2

다음 그림과 같은 $\triangle ABC$에서 $\overline{AD}$가 $\angle A$의 이등분선일 때, x의 값을 구하시오.

(1)

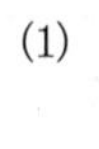

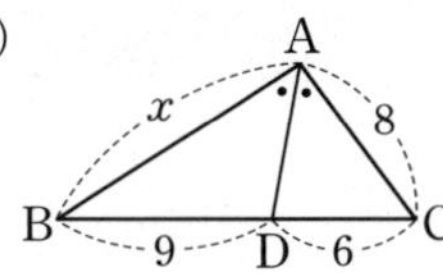

(2)

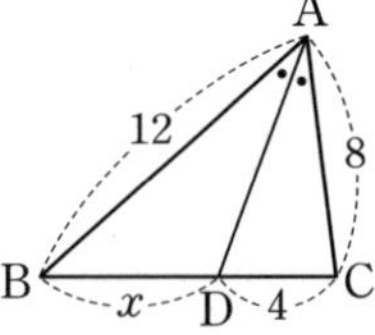

(3)

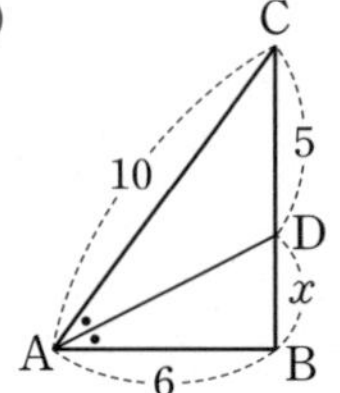

(4)

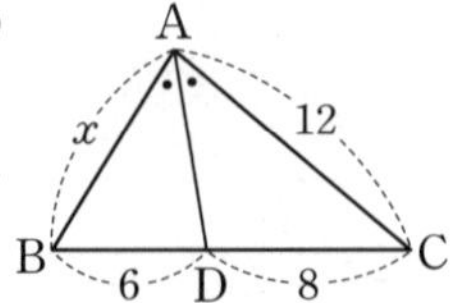

3

다음 그림과 같은 △ABC에서 $\overline{AD}$가 ∠A의 이등분선일 때, x의 값을 구하시오.

(1)

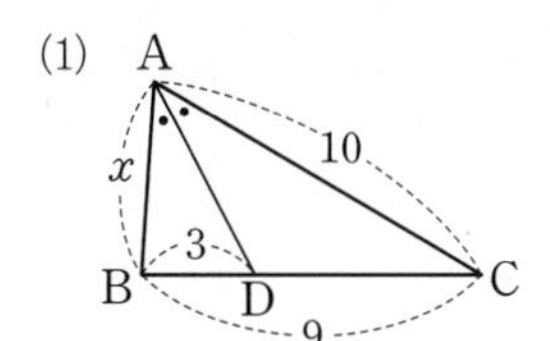

(2)

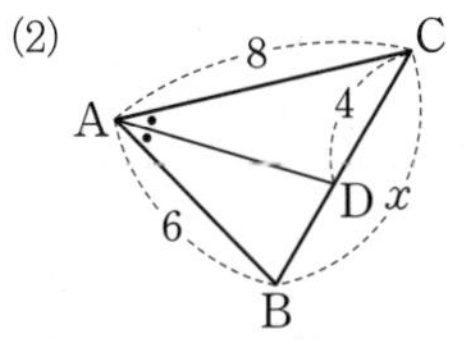

(3)

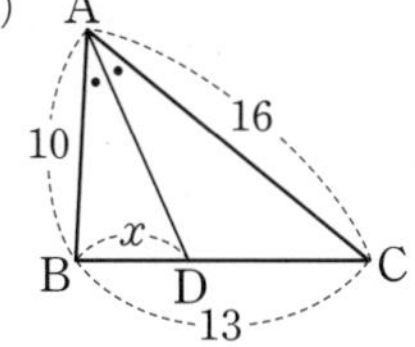

(4)

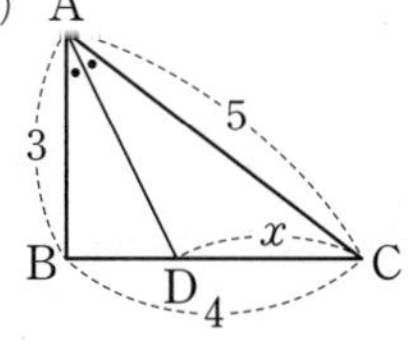

교과서 문제로 **개념 다지기**

4

오른쪽 그림과 같은 △ABC에서 ∠BAD=∠CAD이고 $\overline{AB}$=12 cm, $\overline{BD}$=6 cm, $\overline{CD}$=3 cm일 때, $\overline{AC}$의 길이를 구하시오.

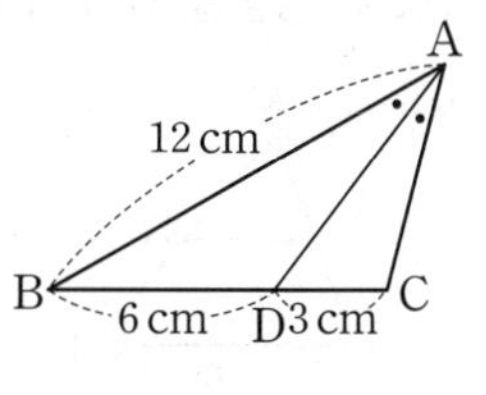

5

오른쪽 그림과 같은 △ABC에서 $\overline{AD}$, $\overline{BE}$는 각각 ∠A, ∠B의 이등분선이고 $\overline{AB}$=15 cm, $\overline{BD}$=6 cm, $\overline{CD}$=4 cm일 때, x의 값을 구하시오.

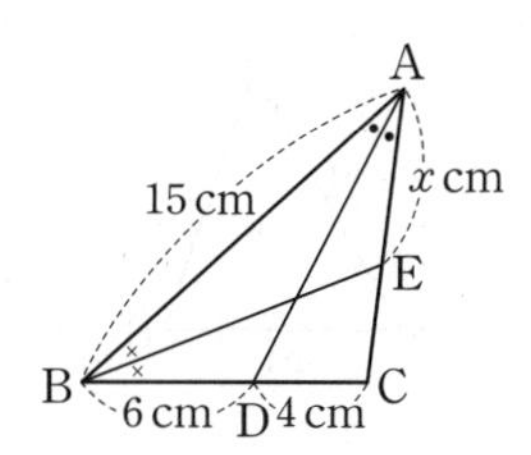

개념 Drill 30 삼각형의 두 변의 중점을 연결한 선분의 성질

1

다음 그림과 같은 $\triangle ABC$에서 두 점 M, N은 각각 $\overline{AB}$, $\overline{AC}$의 중점일 때, x의 값을 구하시오.

(1)
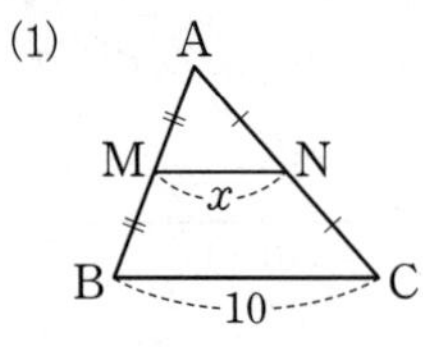

(2)
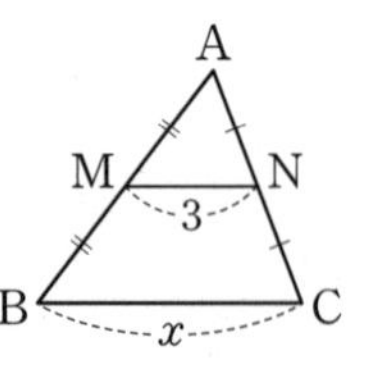

(3)
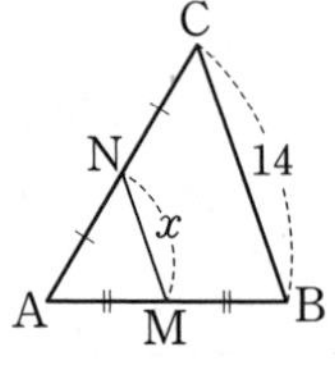

(4)
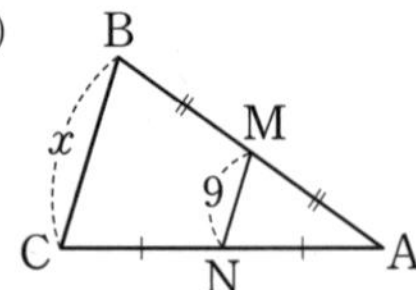

2

다음 그림과 같은 $\triangle ABC$에서 점 M은 $\overline{AB}$의 중점이고 $\overline{MN} /\!/ \overline{BC}$일 때, x의 값을 구하시오.

(1)
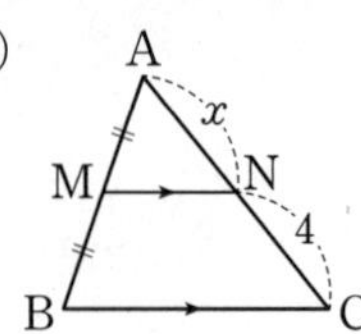

(2)
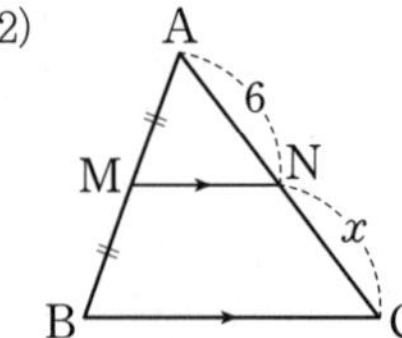

(3)
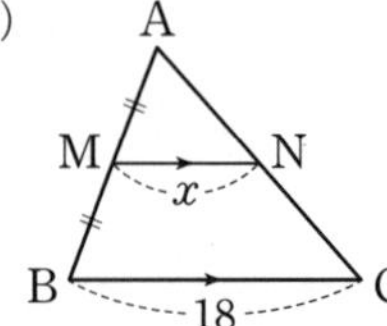

(4)
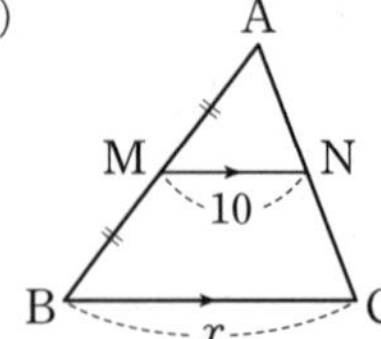

(5)

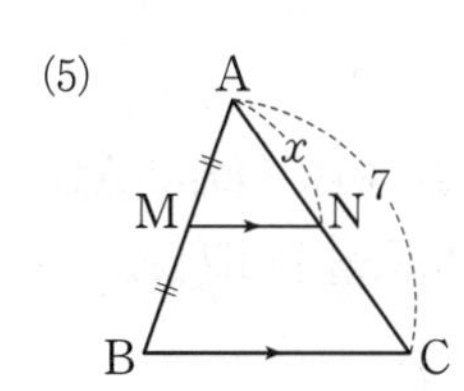

(6)

(7)

(8)

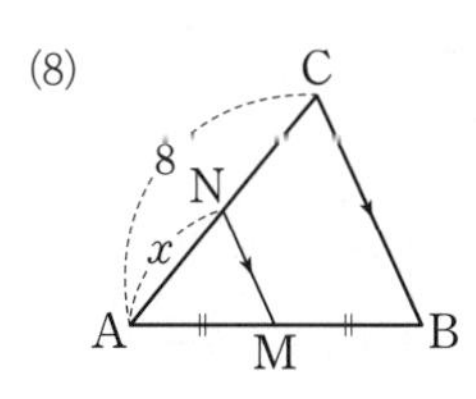

교과서 문제로 개념다지기

3

오른쪽 그림과 같은 $\triangle ABC$에서 $\overline{AB}$의 중점을 M, 점 M을 지나고 $\overline{BC}$에 평행한 직선이 $\overline{AC}$와 만나는 점을 N이라 하자. $\overline{MN}=5\text{ cm}$, $\overline{AC}=14\text{ cm}$일 때, $x+y$의 값을 구하시오.

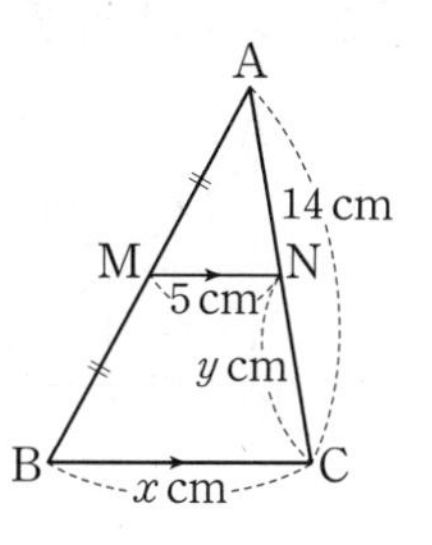

4

다음 그림과 같은 $\triangle ABC$에서 $\triangle ADE$의 둘레의 길이를 구하시오.

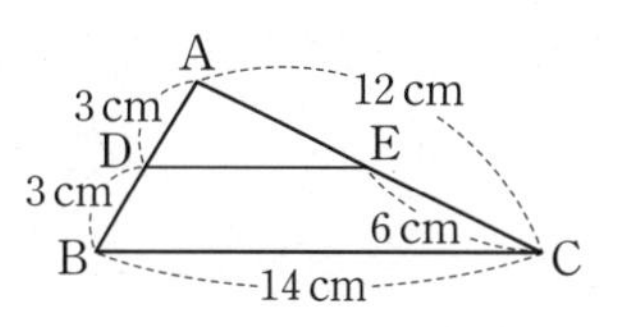

31 삼각형의 두 변의 중점을 연결한 선분의 성질의 응용

1

아래 그림과 같은 △ABC에서 $\overline{AB}$, $\overline{BC}$, $\overline{CA}$의 중점을 각각 D, E, F라 할 때, 다음을 구하시오.

(1)

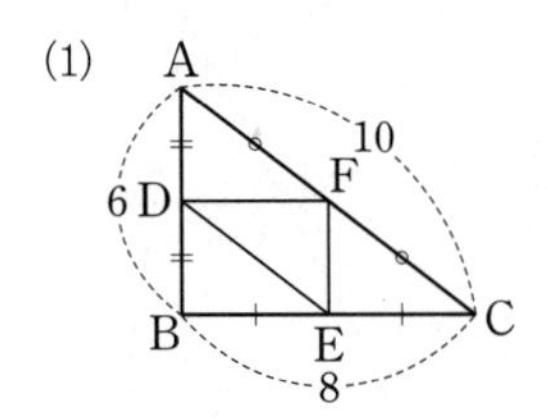

$\overline{DE}$의 길이: ________

$\overline{EF}$의 길이: ________

$\overline{FD}$의 길이: ________

△DEF의 둘레의 길이: ________

(2)

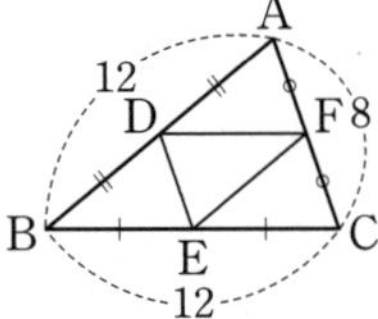

$\overline{DE}$의 길이: ________

$\overline{EF}$의 길이: ________

$\overline{FD}$의 길이: ________

△DEF의 둘레의 길이: ________

(3)

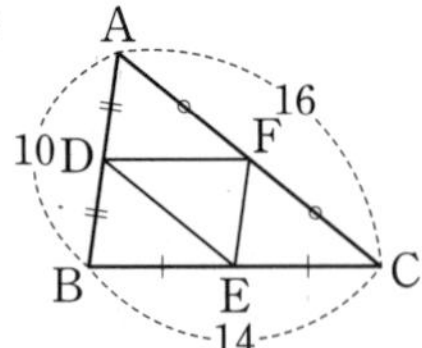

$\overline{DE}$의 길이: ________

$\overline{EF}$의 길이: ________

$\overline{FD}$의 길이: ________

△DEF의 둘레의 길이: ________

2

아래 그림과 같이 $\overline{AD}/\!/\overline{BC}$인 사다리꼴 ABCD에서 $\overline{AB}$, $\overline{DC}$의 중점을 각각 M, N이라 할 때, 다음을 구하시오.

(1)

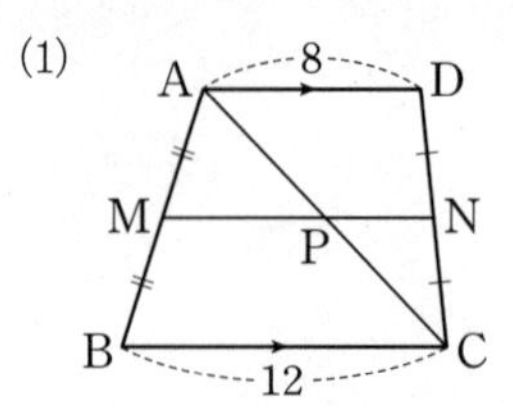

$\overline{MP}$의 길이: ________

$\overline{PN}$의 길이: ________

$\overline{MN}$의 길이: ________

(2)

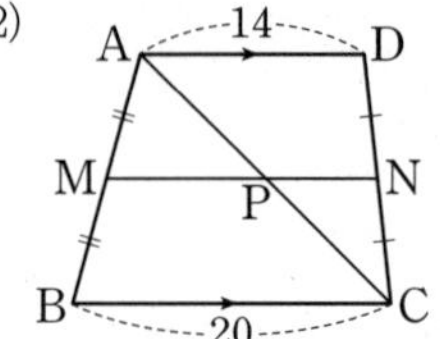

$\overline{MP}$의 길이: ________

$\overline{PN}$의 길이: ________

$\overline{MN}$의 길이: ________

(3)

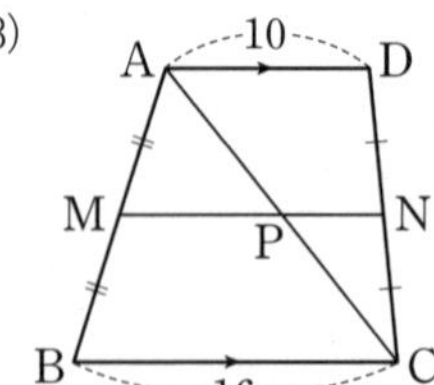

$\overline{MP}$의 길이: ________

$\overline{PN}$의 길이: ________

$\overline{MN}$의 길이: ________

3

아래 그림과 같이 $\overline{AD}/\!/\overline{BC}$인 사다리꼴 ABCD에서 $\overline{AB}$, $\overline{DC}$의 중점을 각각 M, N이라 할 때, 다음을 구하시오.

(1)

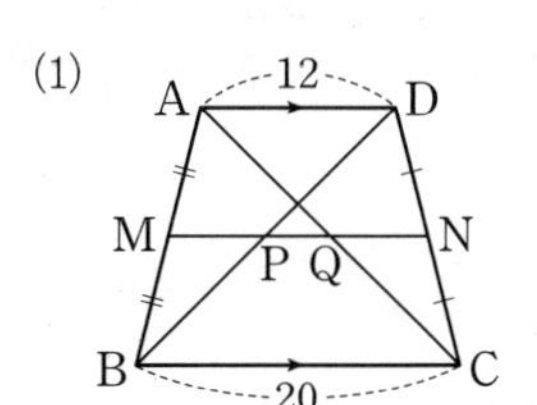

$\overline{MQ}$의 길이: ________

$\overline{MP}$의 길이: ________

$\overline{PQ}$의 길이: ________

(2)

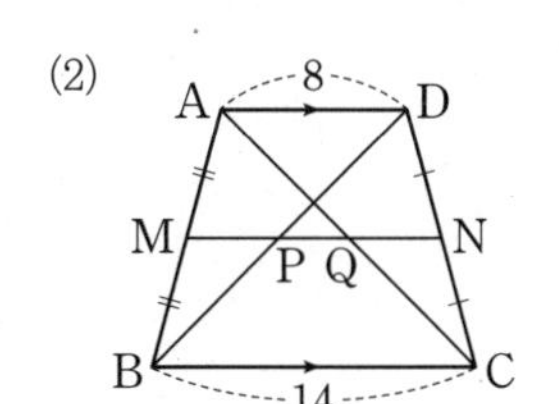

$\overline{MQ}$의 길이: ________

$\overline{MP}$의 길이: ________

$\overline{PQ}$의 길이: ________

(3)

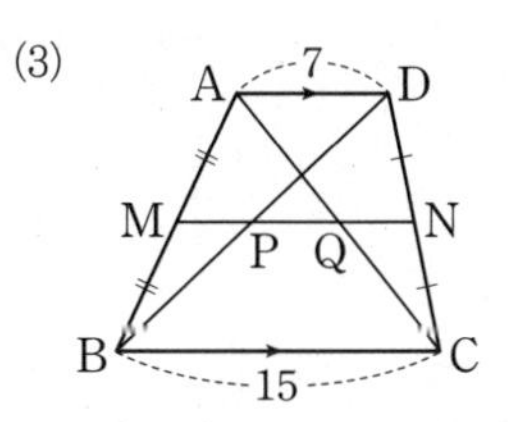

$\overline{MQ}$의 길이: ________

$\overline{MP}$의 길이: ________

$\overline{PQ}$의 길이: ________

교과서 문제로 **개념 다지기**

4

오른쪽 그림과 같은 △ABC에서 $\overline{AB}$, $\overline{BC}$, $\overline{CA}$의 중점을 각각 D, E, F라 하자. $\overline{AB}=12\,\text{cm}$, $\overline{BC}=18\,\text{cm}$, $\overline{CA}=20\,\text{cm}$일 때, △DEF의 둘레의 길이를 구하시오.

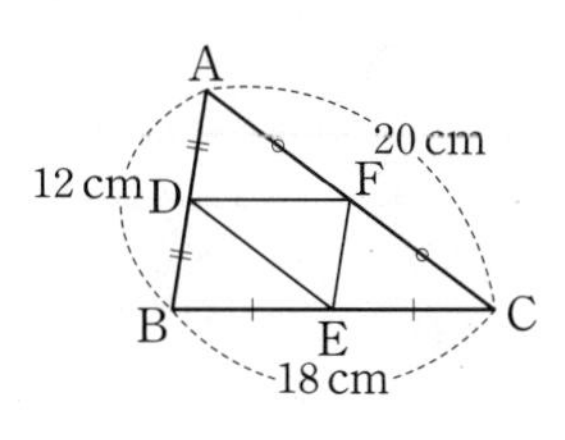

____

5

오른쪽 그림과 같이 $\overline{AD}/\!/\overline{BC}$인 사다리꼴 ABCD에서 $\overline{AB}$, $\overline{DC}$의 중점을 각각 M, N이라 하자. $\overline{BC}=16\,\text{cm}$, $\overline{PQ}=3\,\text{cm}$일 때, $\overline{AD}$의 길이를 구하시오.

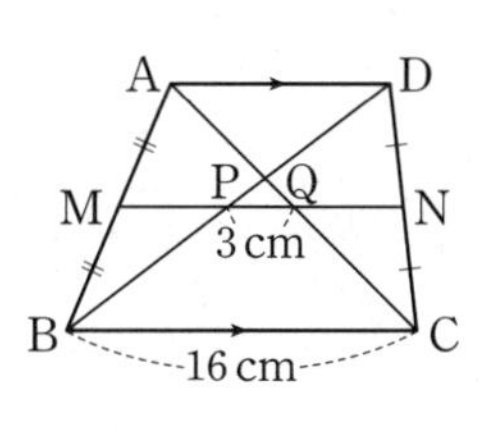

____

32 평행선 사이의 선분의 길이의 비

1

다음 그림에서 $l /\!/ m /\!/ n$일 때, x의 값을 구하시오.

(1)

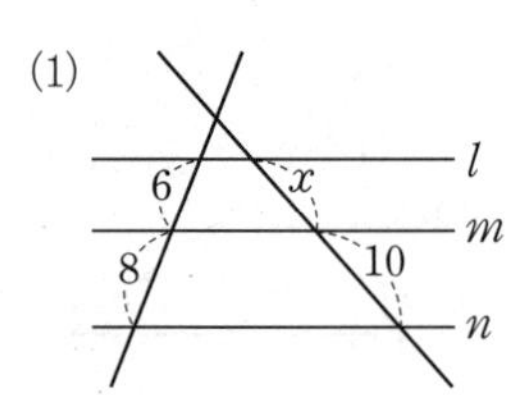

(2)

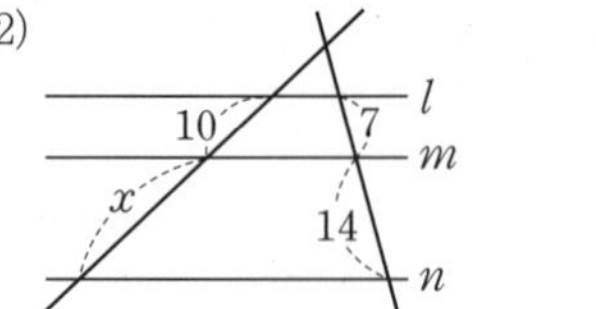

(3)

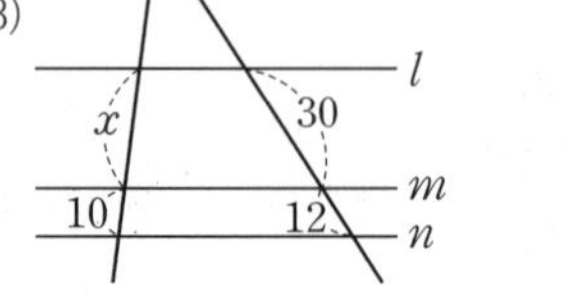

(4)

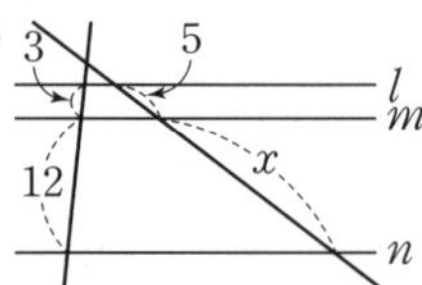

2

다음 그림에서 $l /\!/ m /\!/ n$일 때, x의 값을 구하시오.

(1)

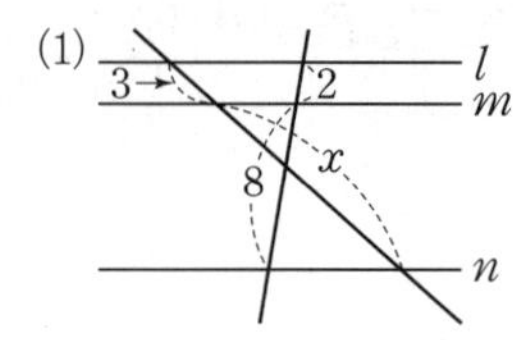

(2)

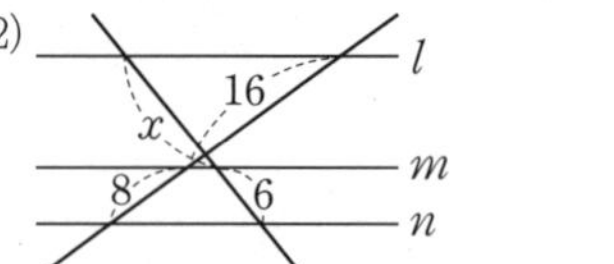

(3)

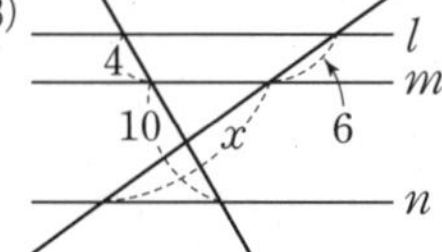

(4)

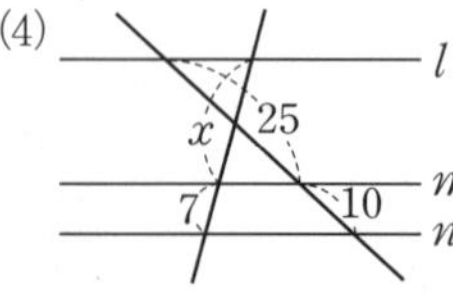

3

아래 그림과 같은 사다리꼴 ABCD에서 $\overline{AD} /\!/ \overline{EF} /\!/ \overline{BC}$일 때, 다음을 구하시오.

(1)

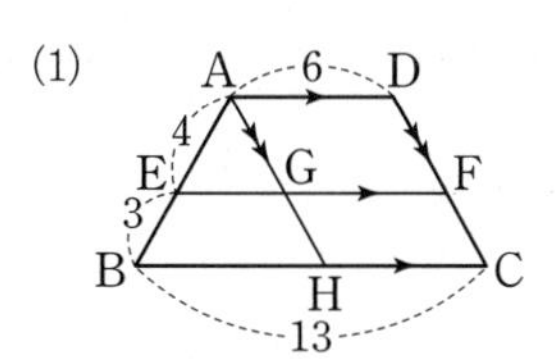

$\overline{BH}$의 길이: ____________

$\overline{EG}$의 길이: ____________

$\overline{GF}$의 길이: ____________

$\overline{EF}$의 길이: ____________

(2)

$\overline{BH}$의 길이: ____________

$\overline{EG}$의 길이: ____________

$\overline{GF}$의 길이: ____________

$\overline{EF}$의 길이: ____________

(3)

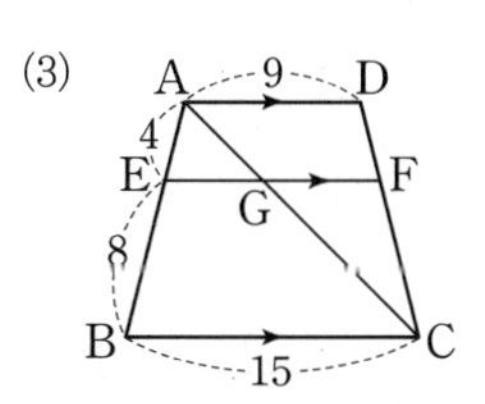

$\overline{EG}$의 길이: ____________

$\overline{GF}$의 길이: ____________

$\overline{EF}$의 길이: ____________

교과서 문제로 개념 다지기

4

다음 그림에서 $l /\!/ m /\!/ n$일 때, x, y의 값을 각각 구하시오.

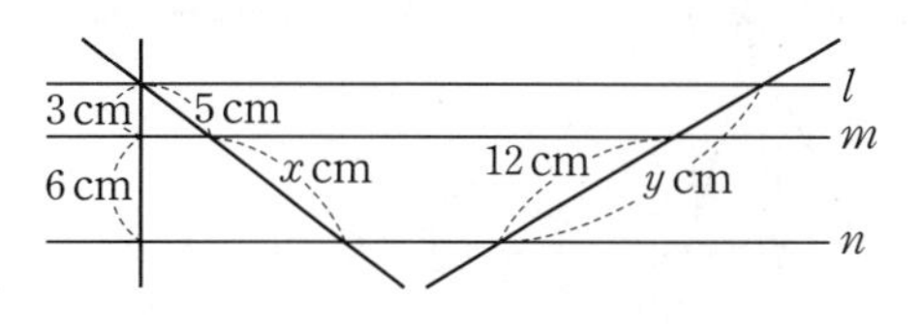

____

5

다음 그림과 같은 사다리꼴 ABCD에서 $\overline{AD} /\!/ \overline{EF} /\!/ \overline{BC}$일 때, x, y의 값을 각각 구하시오.

(1)

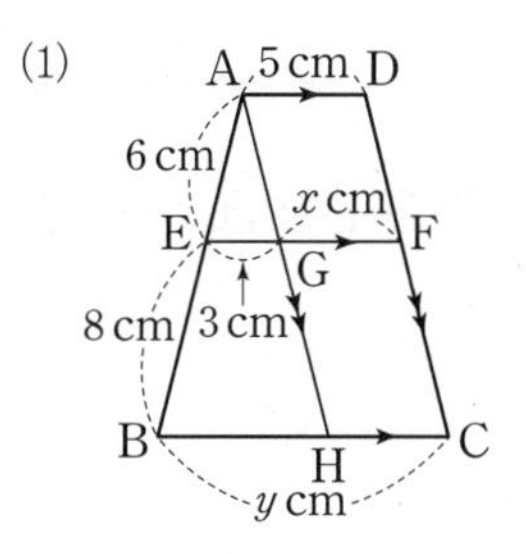

____

(2)

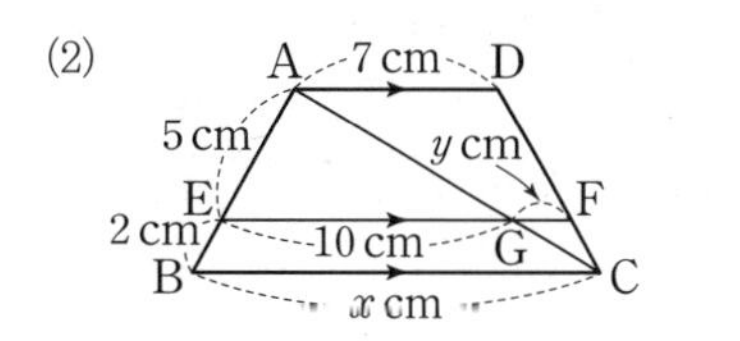

____

33 삼각형의 무게중심

1

다음 그림에서 점 G가 $\triangle ABC$의 무게중심일 때, x의 값을 구하시오.

(1)

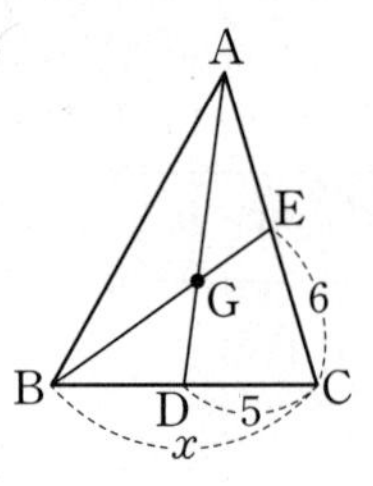

(2)

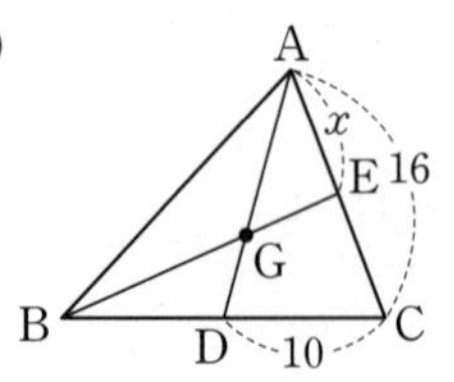

(3)

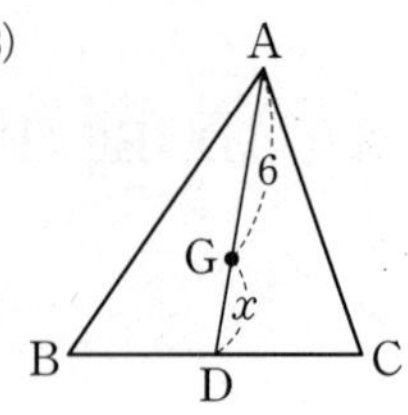

(4)

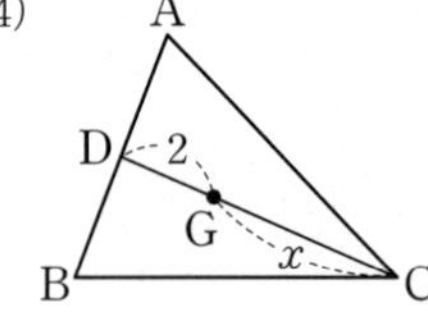

(5)

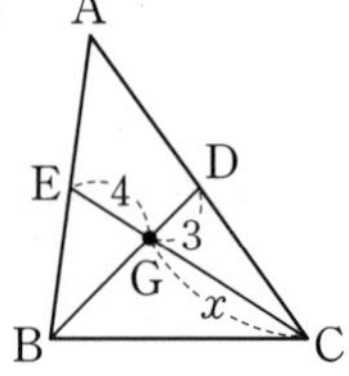

(6)

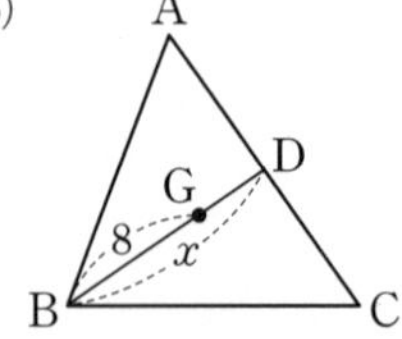

2

다음 그림에서 점 G가 $\triangle ABC$의 무게중심일 때, x의 값을 구하시오.

(1)

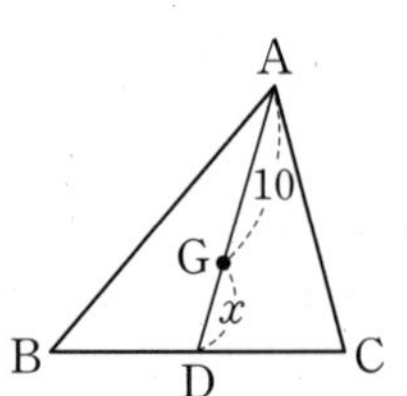

(2)

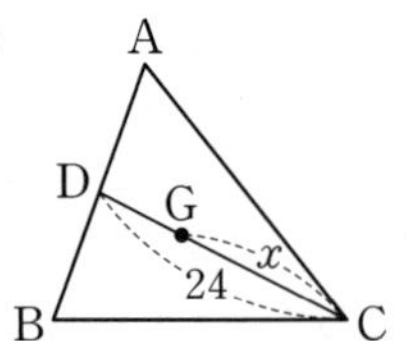

3

다음 그림에서 점 G가 $\triangle ABC$의 무게중심일 때, x, y의 값을 각각 구하시오.

(1)

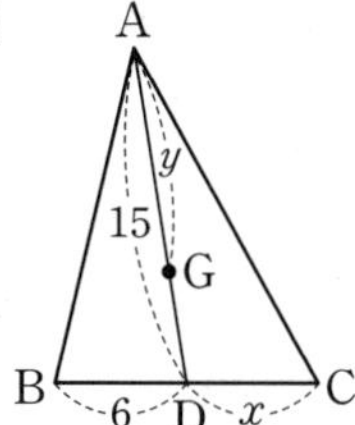

(2)

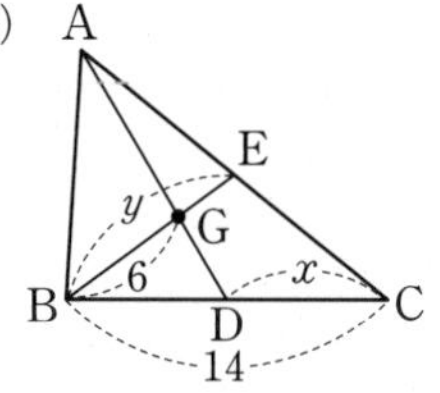

(3)

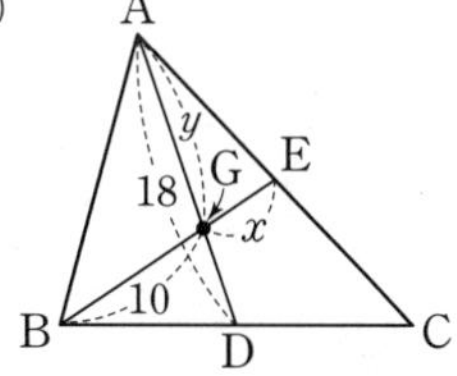

(4)

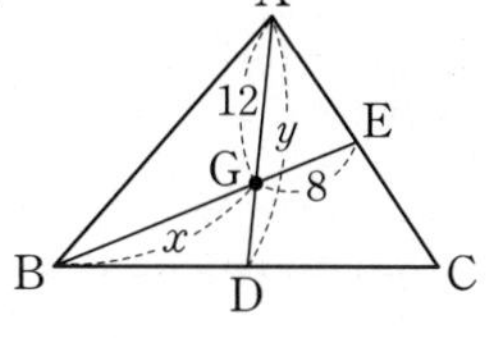

교과서 문제로 **개념 다지기**

4

오른쪽 그림에서 점 G는 $\triangle ABC$의 무게중심이고 $\overline{AD}=36\,\text{cm}$, $\overline{BG}=30\,\text{cm}$일 때, $\overline{AG}+\overline{GE}$의 값을 구하시오.

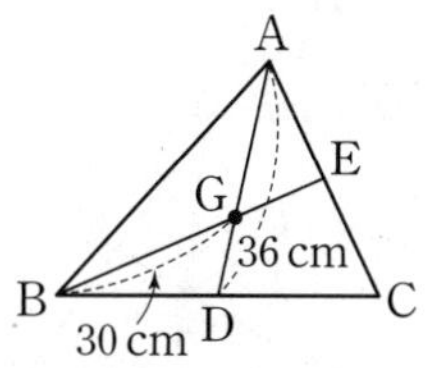

5

다음 그림에서 점 G는 $\triangle ABC$의 무게중심이고, 점 G′은 $\triangle GBC$의 무게중심일 때, x의 값을 구하시오.

(1)

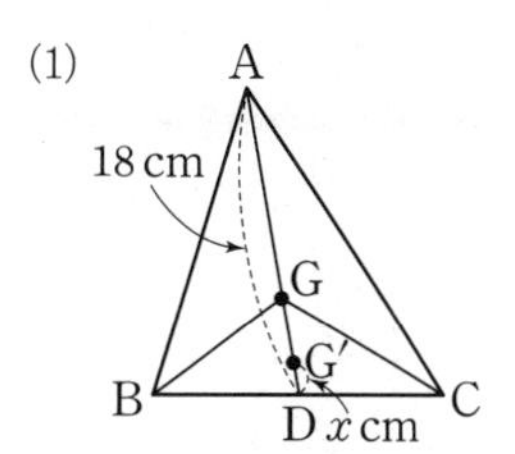

(2)

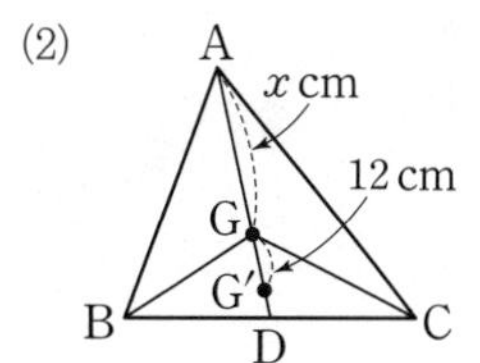

34 삼각형의 무게중심과 넓이

1

다음 그림에서 점 G는 △ABC의 무게중심이다.
△ABC=30일 때, 색칠한 부분의 넓이를 구하시오.

(1)

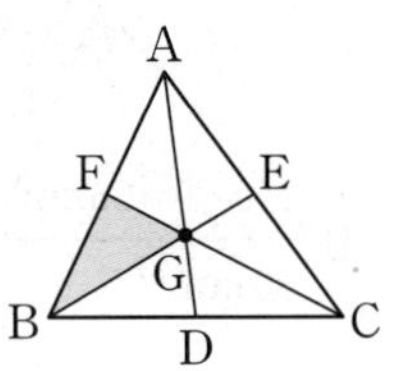

(2)

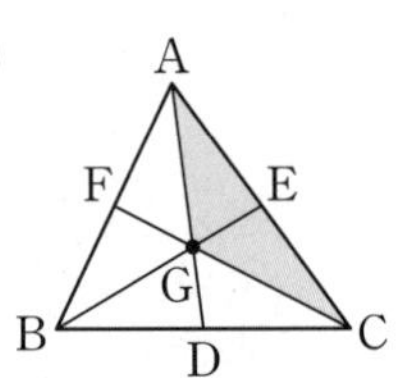

(3)

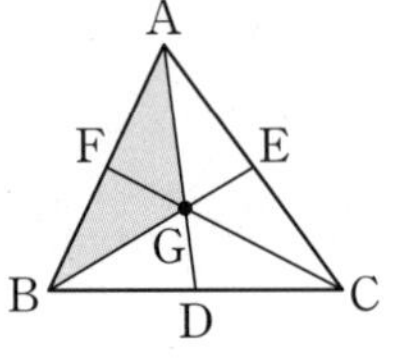

(4)

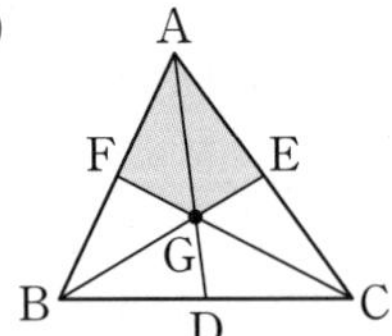

(5)

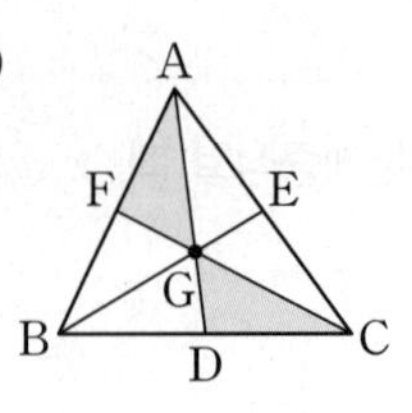

(6)

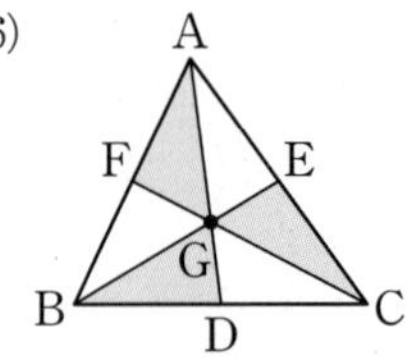

2

다음 그림에서 점 G는 △ABC의 무게중심이다.
△GDC=4일 때, 색칠한 부분의 넓이를 구하시오.

(1)

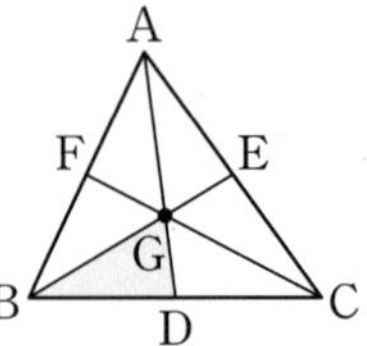

(2)

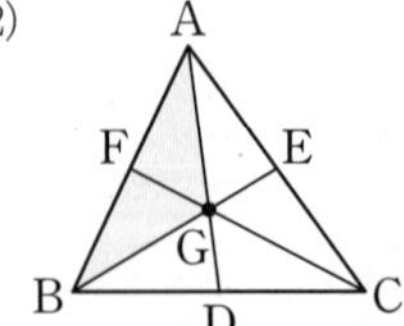

정답 및 해설 116쪽

(3)

A F E G B D C

(4)

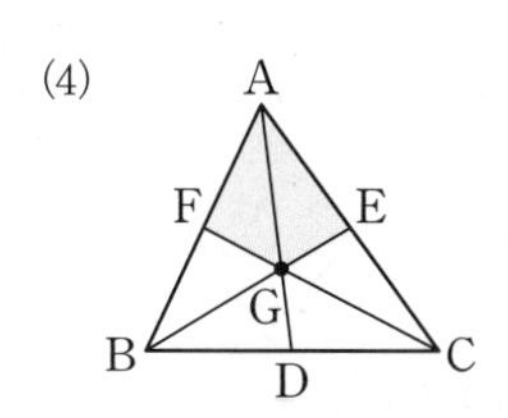

(5)

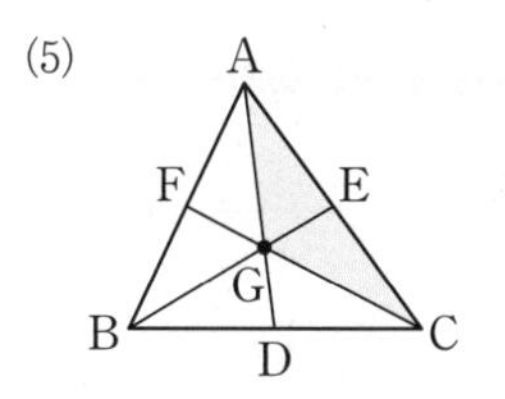

(6)

3

다음 그림에서 점 G는 $\triangle ABC$의 무게중심이다.
$\triangle ABC = 48\,cm^2$일 때, $\triangle AEG$의 넓이를 구하시오.

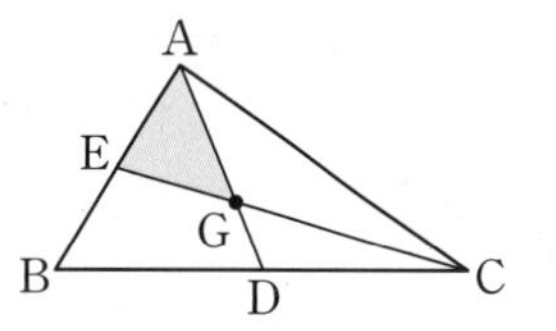

4

오른쪽 그림에서 점 G는 $\triangle ABC$의 무게중심이다. $\triangle GCE = 3\,cm^2$일 때, $\triangle ABD$의 넓이를 구하시오.

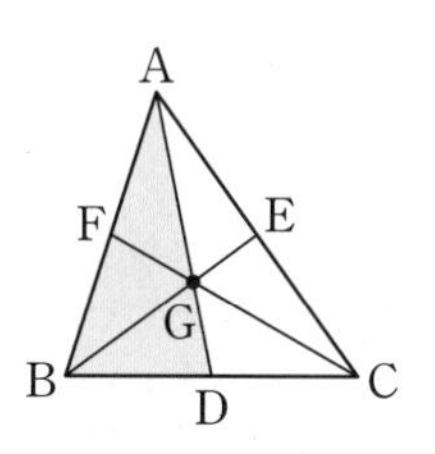

35 삼각형의 무게중심의 응용

1

아래 그림에서 점 G가 △ABC의 무게중심일 때, 다음을 구하시오.

(1)

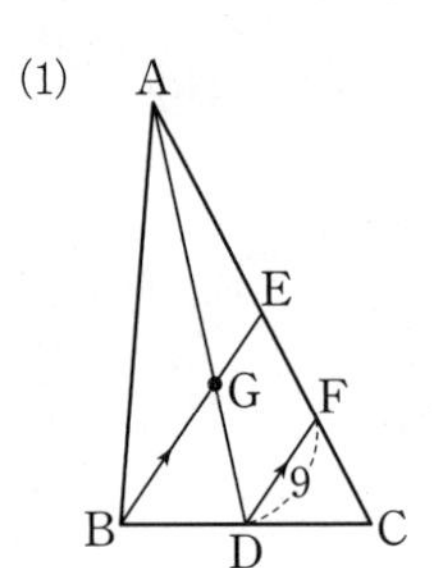

$\overline{BE}$의 길이: ____________

$\overline{BG}$의 길이: ____________

(2)

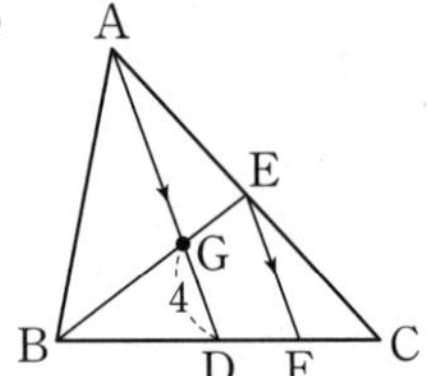

$\overline{AG}$의 길이: ____________

$\overline{EF}$의 길이: ____________

(3)

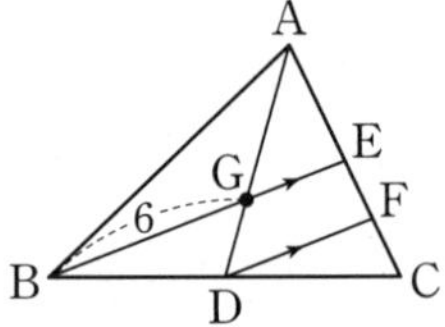

$\overline{BE}$의 길이: ____________

$\overline{DF}$의 길이: ____________

2

아래 그림에서 점 G가 △ABC의 무게중심일 때, 다음을 구하시오.

(1)

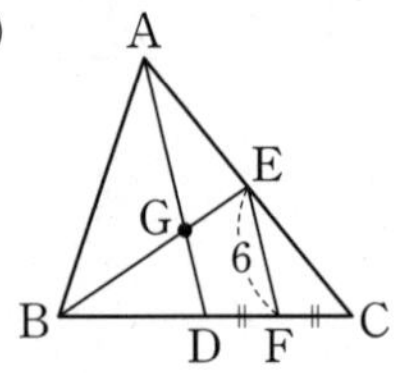

$\overline{AD}$의 길이: ____________

$\overline{AG}$의 길이: ____________

(2)

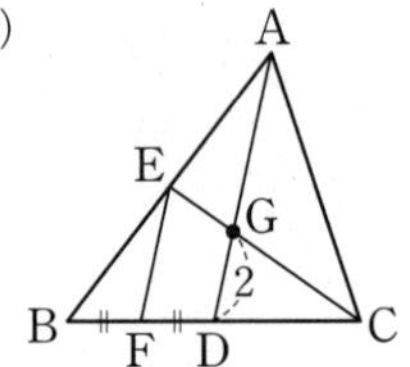

$\overline{AD}$의 길이: ____________

$\overline{EF}$의 길이: ____________

(3)

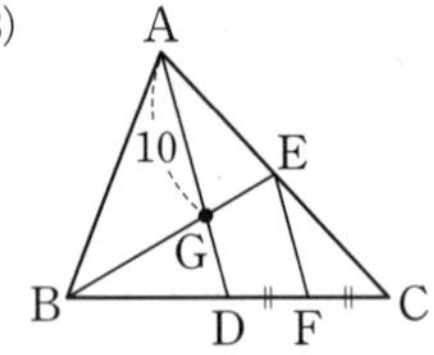

$\overline{AD}$의 길이: ____________

$\overline{EF}$의 길이: ____________

3

아래 그림에서 점 G는 $\triangle ABC$의 무게중심이다. 다음은 $\overline{BC} /\!/ \overline{EF}$일 때, x, y의 값을 구하는 과정이다. □ 안에 알맞은 수를 쓰시오.

(1) 

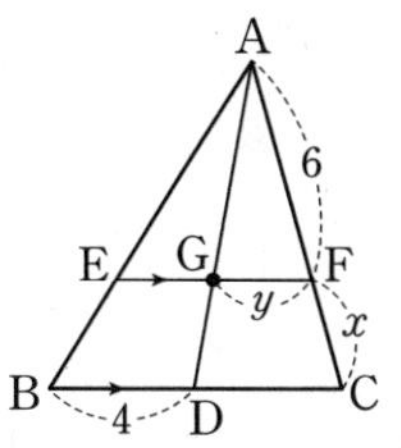

> $\triangle ADC$에서
> $\overline{AF} : \overline{FC} = \overline{AG} : \overline{GD}$이므로
> $6 : x = \square : \square$ $\quad \therefore x = \square$
> 또 $\overline{DC} = \overline{BD} = \square$이고
> $\overline{GF} : \overline{DC} = \overline{AG} : \overline{AD}$이므로
> $y : \square = 2 : \square$ $\quad \therefore y = \square$

(2)

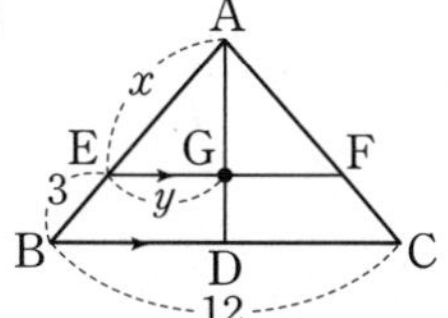

> $\triangle ABD$에서
> $\overline{AE} : \overline{EB} = \overline{AG} : \overline{GD}$이므로
> $x : 3 = \square : \square$ $\quad \therefore x = \square$
> $\overline{BD} = \frac{1}{2}\overline{BC} = \square$이고
> $EG : BD = AG : AD$이므로
> $y : \square = \square : 3$ $\quad \therefore y = \square$

교과서 문제로 개념 다지기

4

오른쪽 그림에서 점 G는 $\triangle ABC$의 무게중심이고 $\overline{CE} /\!/ \overline{DF}$이다. $\overline{EG} = 8\,\text{cm}$일 때, $x+y$의 값을 구하시오.

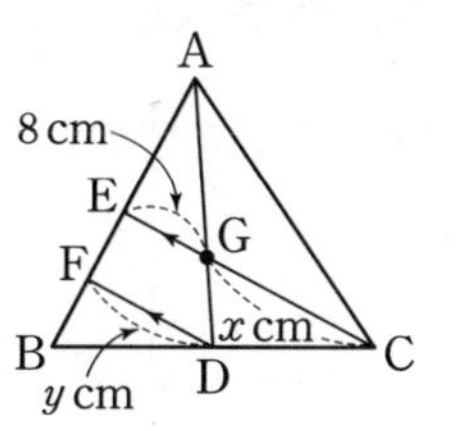

5

오른쪽 그림에서 점 G는 $\triangle ABC$의 무게중심이다. $\overline{AB} /\!/ \overline{EF}$이고 $\overline{AD} = 12\,\text{cm}$, $\overline{DG} = 6\,\text{cm}$일 때, x, y의 값을 각각 구하시오.

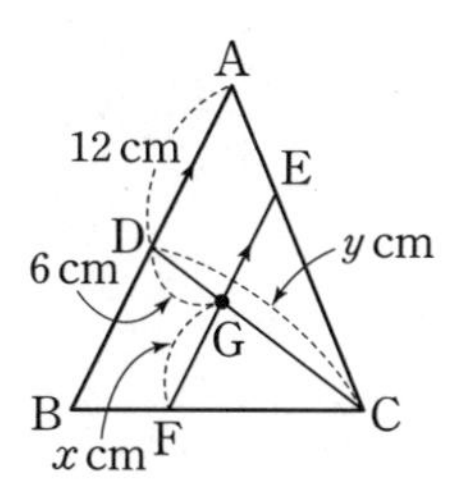

36 피타고라스 정리

1

다음 그림의 직각삼각형에서 x의 값을 구하려고 한다. □ 안에 알맞은 것을 쓰고, x의 값을 구하시오.

(1)

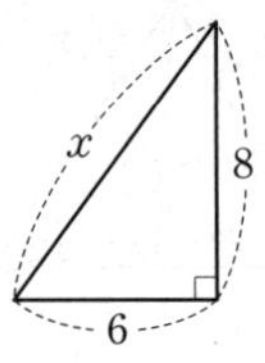

⇨ $6^2+\square^2=x^2$

(2)

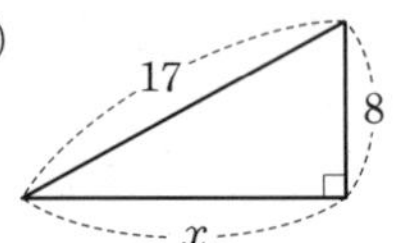

⇨ $x^2+\square^2=\square^2$

(3)

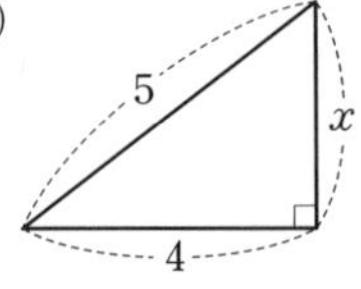

$4^2+\square^2=\square^2$

2

다음 그림의 직각삼각형에서 x의 값을 구하시오.

(1)

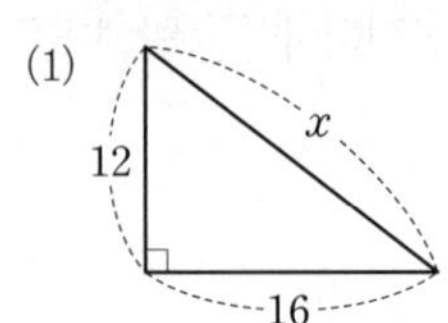

(2)

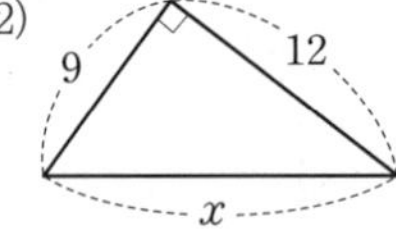

(3)

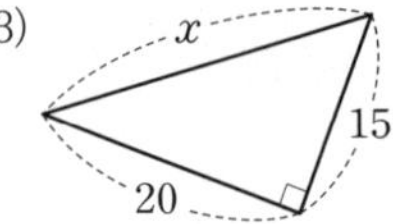

(4)

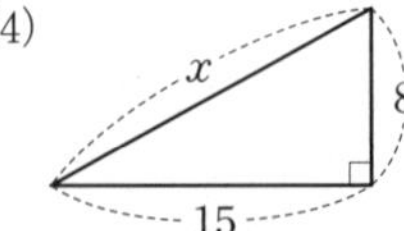

3

다음 그림의 직각삼각형에서 x의 값을 구하시오.

(1)

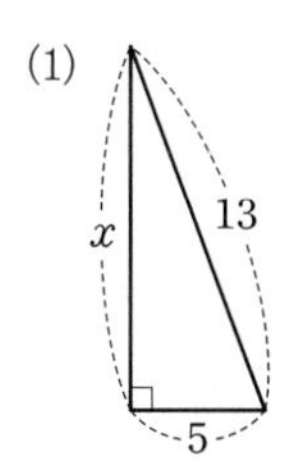

(2)

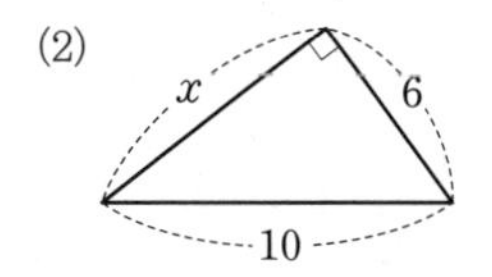

(3)

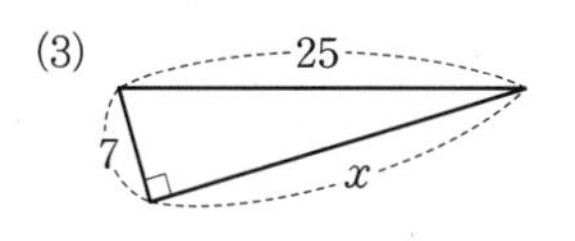

(4)

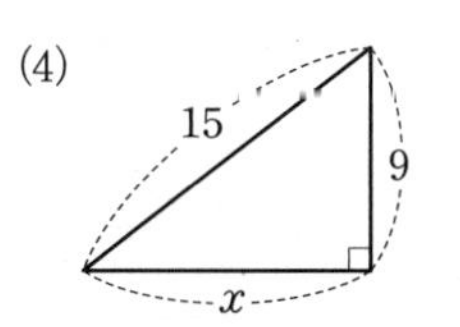

교과서 문제로 **개념 다지기**

4

오른쪽 그림과 같이 $\angle C=90^\circ$인 직각삼각형 ABC에서 $\overline{AB}=20\,cm$, $\overline{AC}=12\,cm$일 때, $\overline{BC}$의 길이를 구하시오.

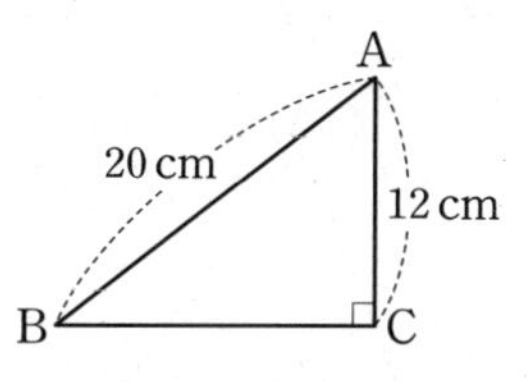

5

다음 그림에서 $\angle A=\angle BDC=90^\circ$이고 $\overline{AD}=3\,cm$, $\overline{BC}=13\,cm$, $\overline{CD}=12\,cm$일 때, x, y의 값을 각각 구하시오.

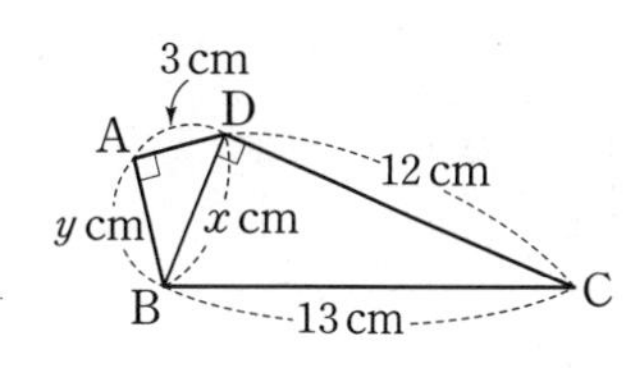

1

다음 그림의 $\triangle ABC$에서 $\overline{AD}\perp\overline{BC}$일 때, x, y의 값을 각각 구하시오.

(1)

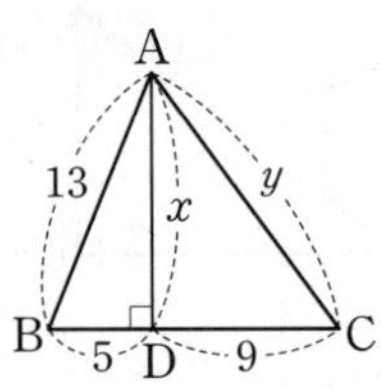

(2)

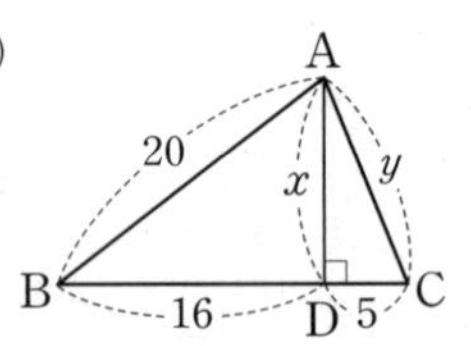

(3)

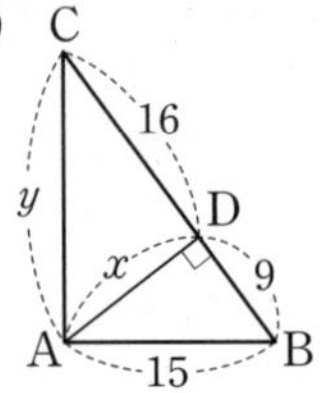

(4)

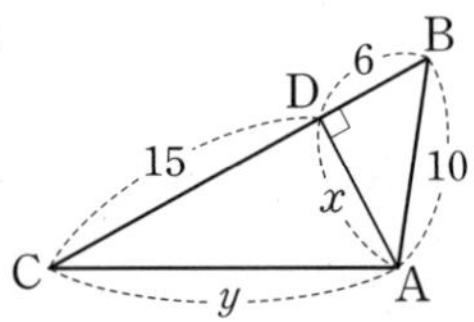

2

다음 그림의 직각삼각형 ABC에서 x, y의 값을 각각 구하시오.

(1)

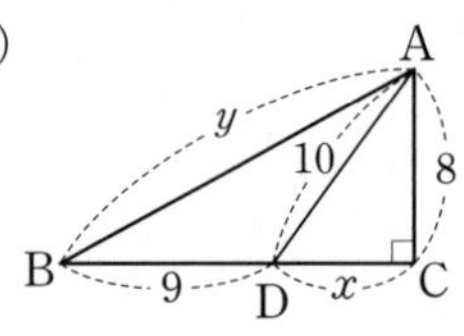

(2)

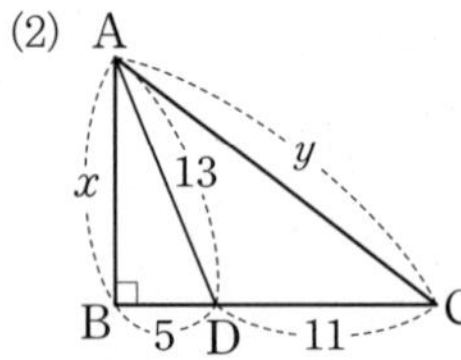

(3)

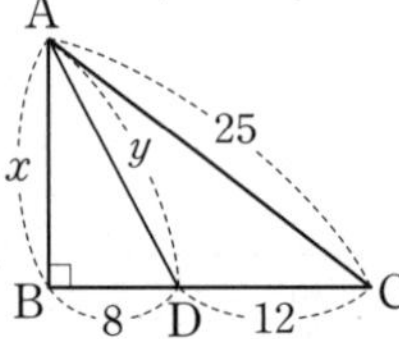

(4)

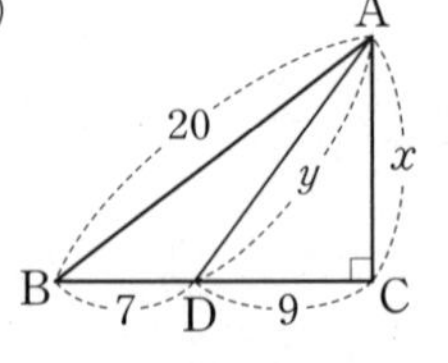

3

아래 그림의 □ABCD에서 다음을 구하시오.

(1)

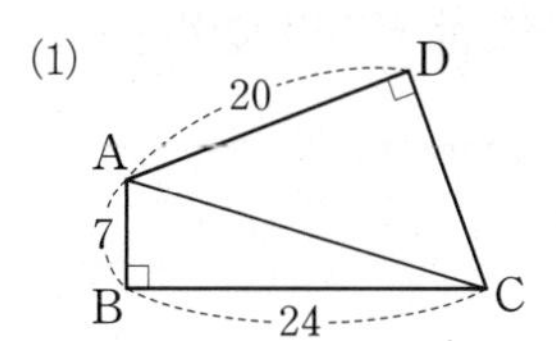

$\overline{AC}$의 길이: ____________

$\overline{CD}$의 길이: ____________

(2)

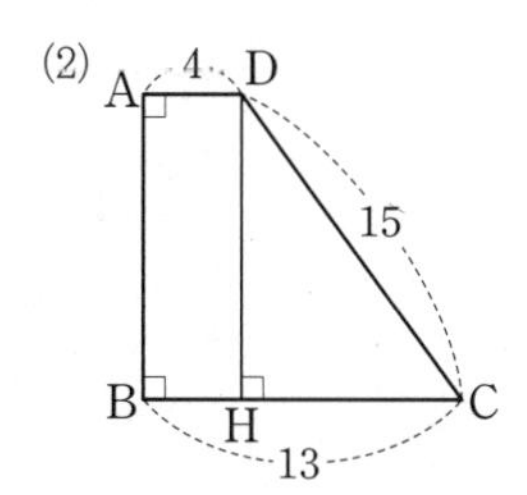

$\overline{CH}$의 길이: ____________

$\overline{DH}$의 길이: ____________

$\overline{AB}$의 길이: ____________

(3)

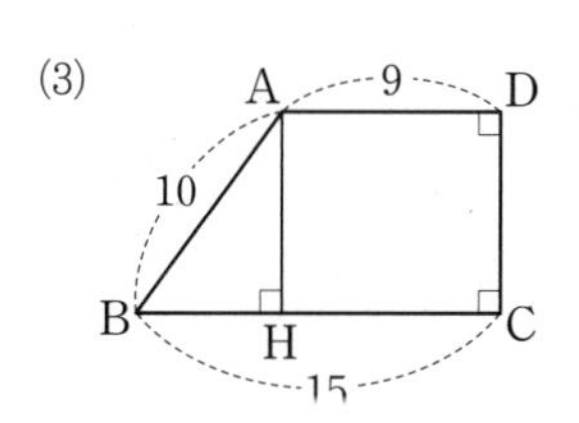

$\overline{BH}$의 길이: ____________

$\overline{AH}$의 길이: ____________

$\overline{CD}$의 길이: ____________

교과서 문제로 **개념 다지기**

4

오른쪽 그림과 같은 △ABC에서 $\overline{AD}\perp\overline{BC}$이고 $\overline{AB}=13\,\text{cm}$, $\overline{AC}=15\,\text{cm}$, $\overline{BD}=5\,\text{cm}$일 때, △ADC의 둘레의 길이를 구하시오.

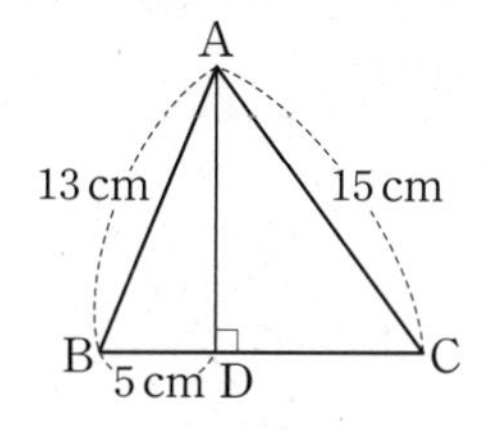

____

5

오른쪽 그림과 같은 사다리꼴 ABCD에서 $\overline{BC}=5\,\text{cm}$, $\overline{CD}=5\,\text{cm}$, $\overline{AD}=2\,\text{cm}$일 때, 이 사다리꼴의 높이를 구하시오.

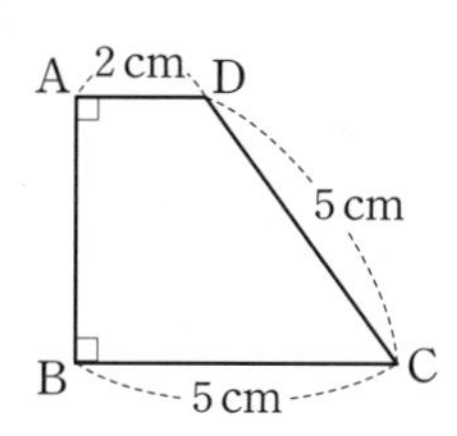

____

개념 Drill 38 피타고라스 정리의 확인(1) – 유클리드의 방법

1

다음 그림은 직각삼각형 ABC의 세 변을 각각 한 변으로 하는 정사각형을 그린 것이다. 색칠한 부분의 넓이를 구하시오.

(1)

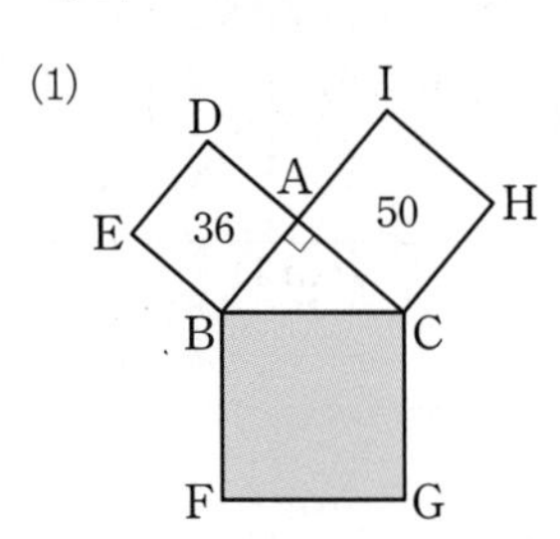

(2)

(3)

2

다음 그림은 직각삼각형 ABC의 세 변을 각각 한 변으로 하는 정사각형을 그린 것이다. 색칠한 부분의 넓이를 구하시오.

(1)

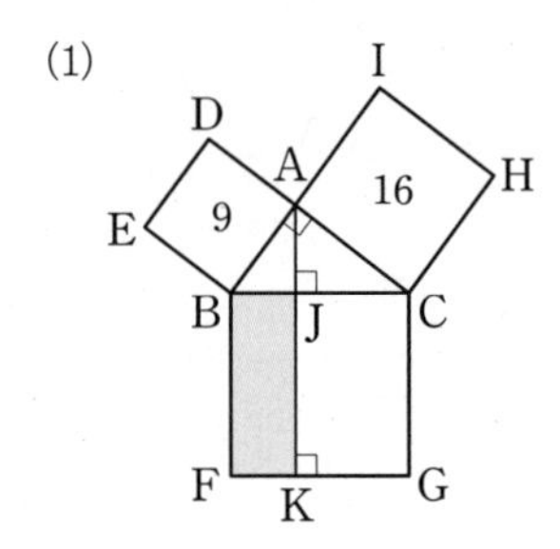

(2)

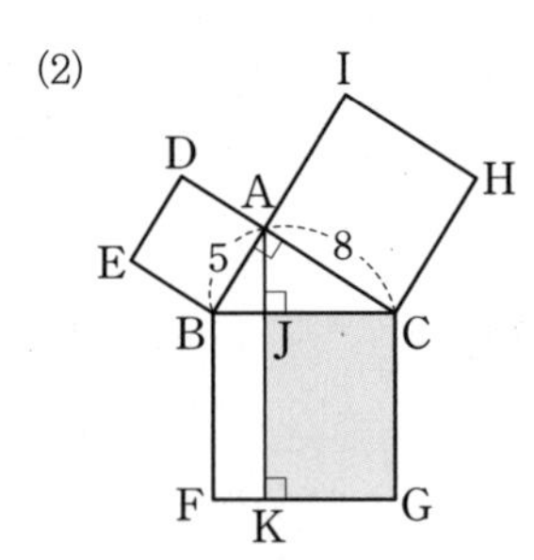

(3)

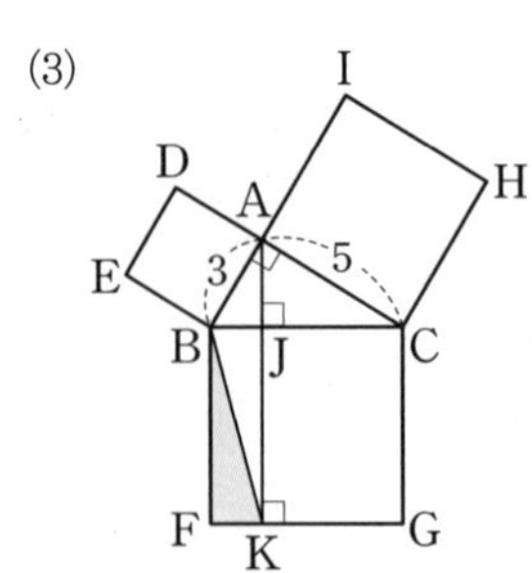

(4)

(5)

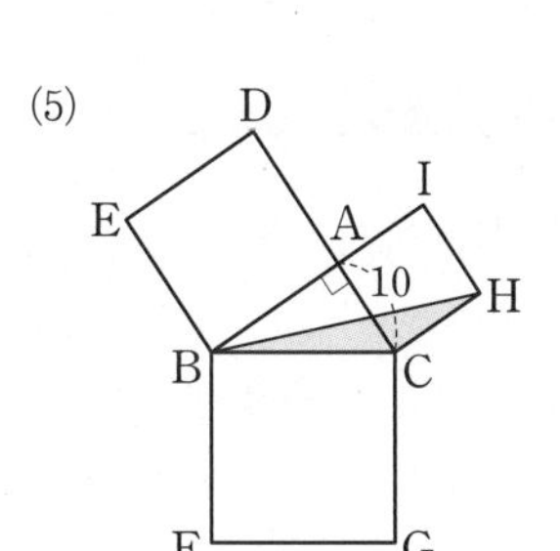

(6)

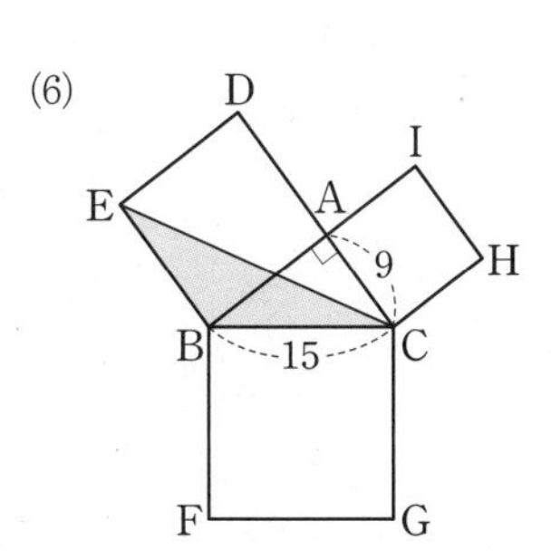

교과서 문제로 개념 다지기

3

오른쪽 그림은 $\angle A=90^\circ$인 직각삼각형 ABC의 세 변을 각각 한 변으로 하는 정사각형을 그린 것이다. □ADEB, □ACHI의 넓이가 각각 $16\,\text{cm}^2$, $9\,\text{cm}^2$일 때, $\overline{BC}$의 길이를 구하시오.

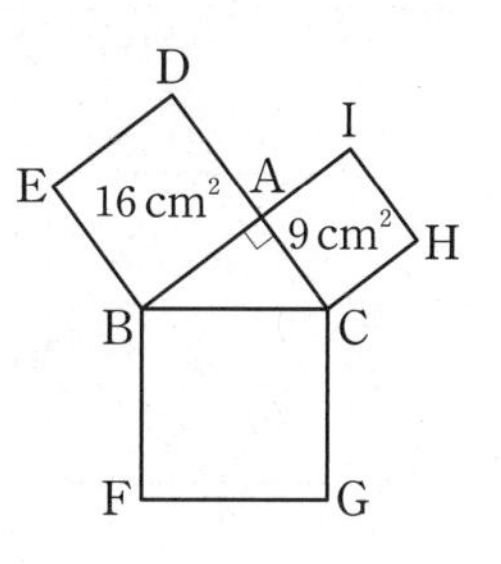

4

오른쪽 그림은 $\angle A=90^\circ$인 직각삼각형 ABC의 세 변을 각각 한 변으로 하는 정사각형을 그린 것이다. $\overline{AB}=12\,\text{cm}$, $\overline{BC}=13\,\text{cm}$일 때, $\triangle AGC$의 넓이를 구하시오.

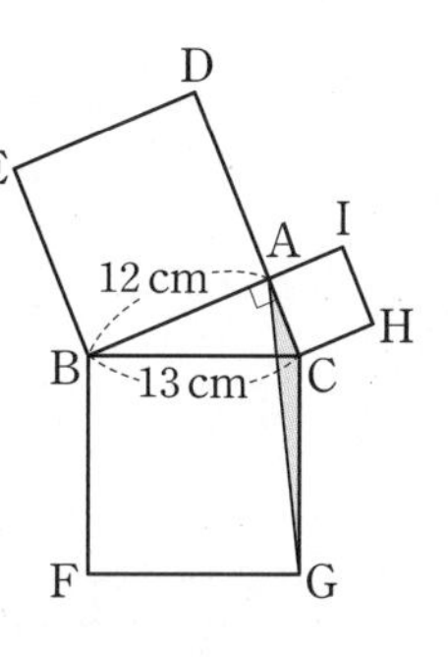

39 피타고라스 정리의 확인 (2) – 피타고라스의 방법

1

아래 그림에서 □ABCD는 정사각형이고 4개의 직각삼각형이 모두 합동일 때, 다음을 구하시오.

(1)

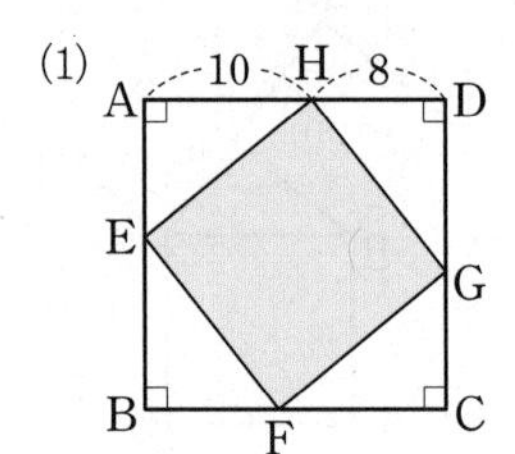

$\overline{AE}$의 길이: ________

□EFGH의 넓이: ________

(2)

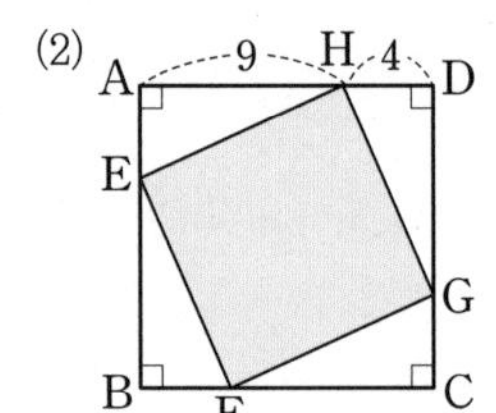

$\overline{AE}$의 길이: ________

□EFGH의 넓이: ________

(3)

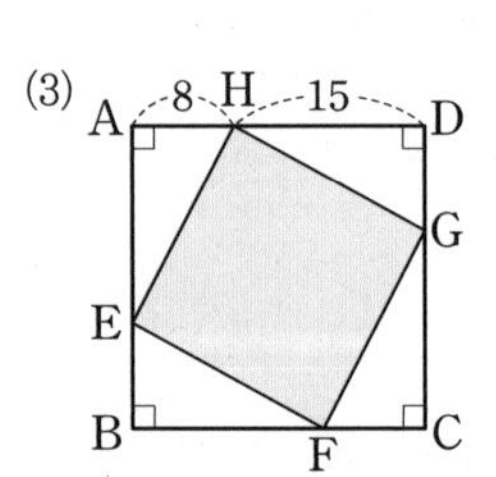

$\overline{AE}$의 길이: ________

□EFGH의 넓이: ________

2

아래 그림에서 □ABCD는 정사각형이고 4개의 직각삼각형이 모두 합동일 때, 다음을 구하시오.

(1)

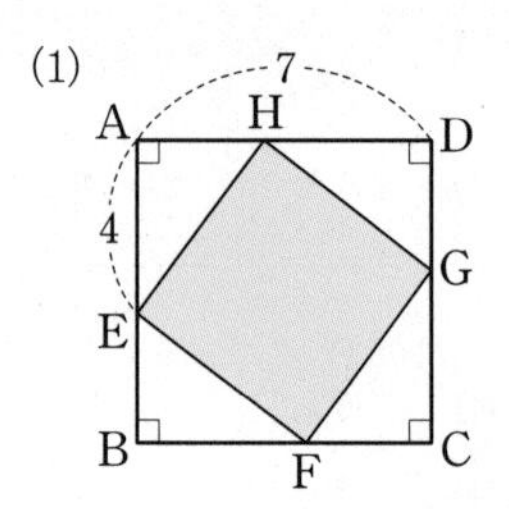

$\overline{AH}$의 길이: ________

□EFGH의 넓이: ________

(2)

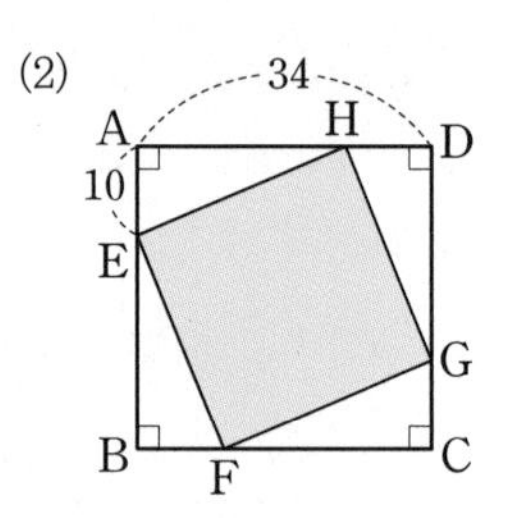

$\overline{AH}$의 길이: ________

□EFGH의 넓이: ________

(3)

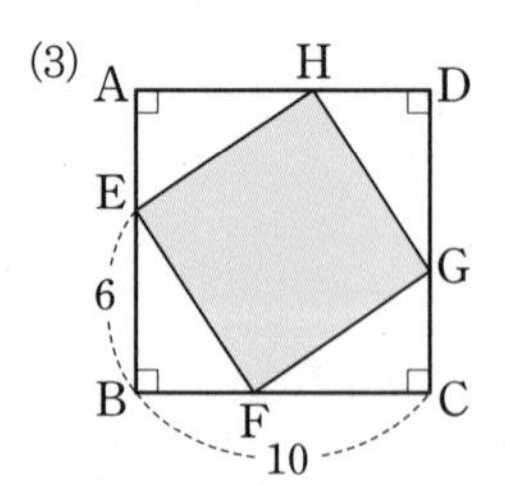

$\overline{BF}$의 길이: ________

□EFGH의 넓이: ________

3

아래 그림에서 □ABCD는 정사각형이고 4개의 직각삼각형이 모두 합동일 때, 다음을 구하시오.

(1)

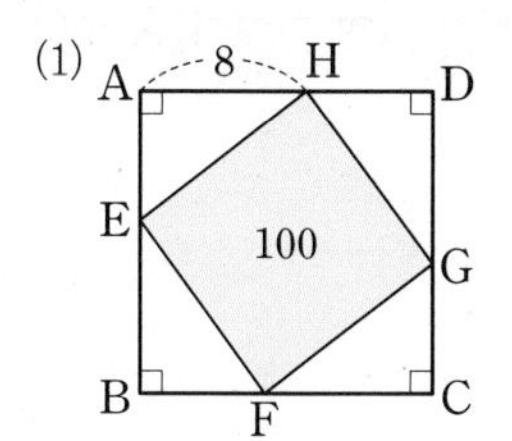

$\overline{EH}$의 길이: ______

$\overline{AE}$의 길이: ______

(2)

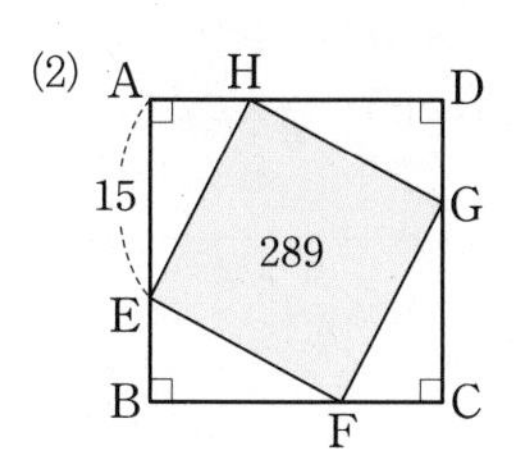

$\overline{EH}$의 길이: ______

$\overline{AH}$의 길이: ______

(3)

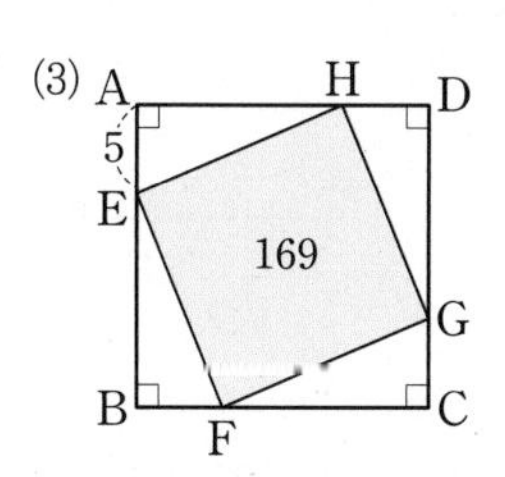

$\overline{EH}$의 길이: ______

$\overline{AH}$의 길이: ______

교과서 문제로 개념 다지기

4

오른쪽 그림과 같이 한 변의 길이가 21 cm인 정사각형 ABCD에서

$\overline{AE}=\overline{BF}=\overline{CG}=\overline{DH}=12\text{ cm}$

일 때, □EFGH의 넓이를 구하시오.

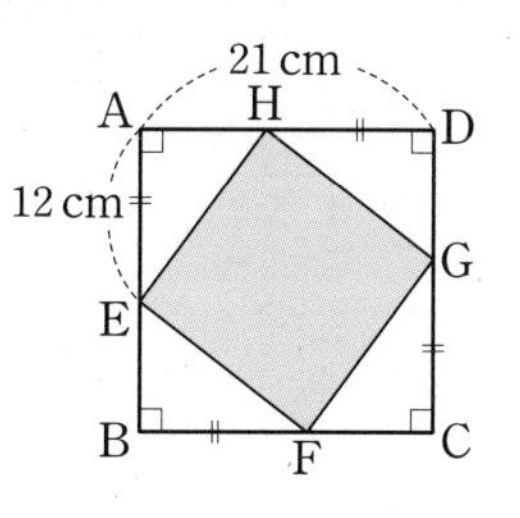

______

5

오른쪽 그림과 같은 정사각형 ABCD에서

$\overline{AE}=\overline{BF}=\overline{CG}=\overline{DH}=16\text{ cm}$이고

□EFGH의 넓이가 400 cm^2일 때, □ABCD의 넓이를 구하시오.

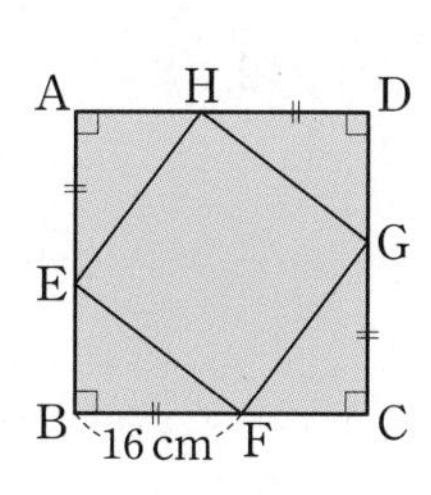

______

개념 Drill 40 직각삼각형이 되기 위한 조건

1

세 변의 길이가 각각 다음과 같은 삼각형이 직각삼각형인 것은 ○표, 직각삼각형이 아닌 것은 ×표를 (   ) 안에 쓰시오.

(1) 3, 4, 5 (   )

(2) 2, 4, 5 (   )

(3) 6, 8, 10 (   )

(4) 5, 12, 13 (   )

(5) 7, 9, 11 (   )

(6) 9, 12, 15 (   )

2

세 변의 길이가 각각 다음과 같은 삼각형이 직각삼각형이 되도록 하는 x의 값을 구하시오.

(단, 가장 긴 변의 길이가 x이다.)

(1) 5, 12, x

____

(2) 9, 12, x

____

(3) 8, 15, x

____

(4) 7, 24, x

____

(5) 10, 24, x

____

(6) 15, 20, x

____

3

세 변의 길이가 각각 다음과 같은 삼각형은 예각삼각형, 직각삼각형, 둔각삼각형 중 어떤 삼각형인지 말하시오.

(1) 6, 8, 12

(2) 4, 7, 8

(3) 5, 9, 10

(4) 4, 7, 9

(5) 8, 15, 17

(6) 7, 12, 13

교과서 문제로 **개념 다지기**

4

세 변의 길이가 각각 다음과 같은 삼각형 중 직각삼각형인 것은?

① 3 cm, 4 cm, 6 cm
② 4 cm, 5 cm, 8 cm
③ 5 cm, 9 cm, 10 cm
④ 6 cm, 8 cm, 10 cm
⑤ 9 cm, 10 cm, 15 cm

5

△ABC에서 $\overline{AB}=c$, $\overline{BC}=a$, $\overline{AC}=b$이고 가장 긴 변의 길이가 a일 때, 다음 중 옳지 않은 것을 모두 고르면? (정답 2개)

① $a^2=b^2+c^2$이면 △ABC는 직각삼각형이다.
② $a^2>b^2+c^2$이면 △ABC는 예각삼각형이다.
③ $a^2<b^2+c^2$이면 △ABC는 둔각삼각형이다.
④ $a^2=b^2+c^2$이면 ∠A=90°이다.
⑤ $a^2>b^2+c^2$이면 ∠A>90°이다.

41 피타고라스 정리의 활용

1

다음 그림은 직각삼각형 ABC의 세 변을 각각 지름으로 하는 반원을 그린 것이다. 색칠한 부분의 넓이를 구하시오.

(1)

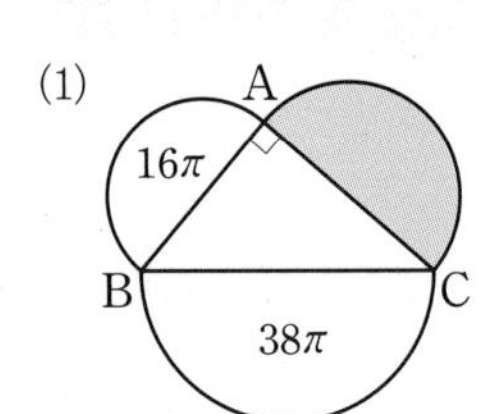

(2)

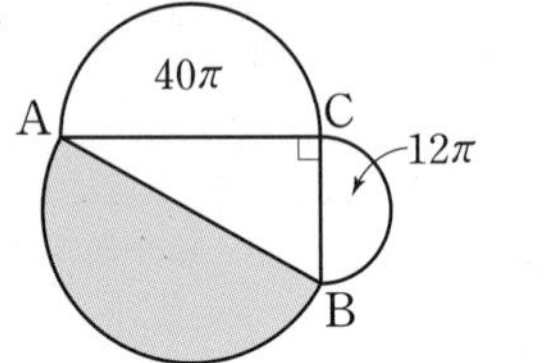

(3)

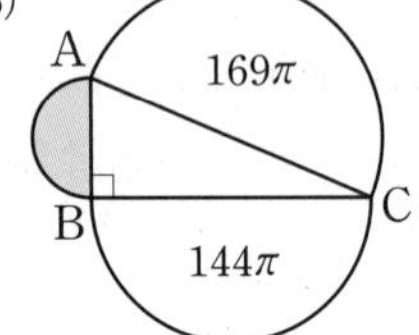

(4)

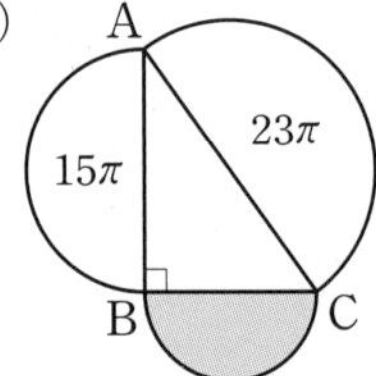

2

다음 그림은 직각삼각형 ABC의 세 변을 각각 지름으로 하는 반원을 그린 것이다. 색칠한 부분의 넓이를 구하시오.

(1)

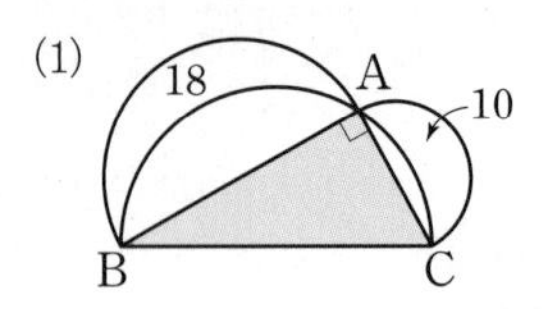

(2)

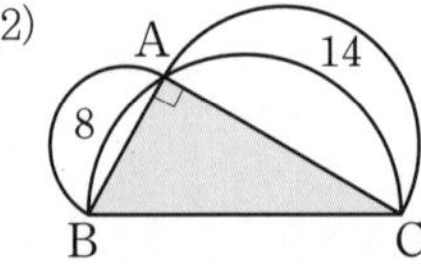

(3)

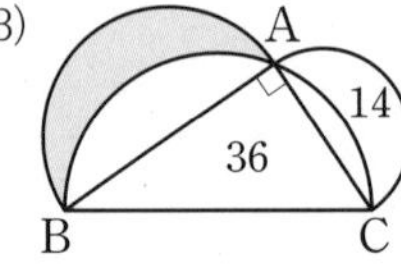

(4)

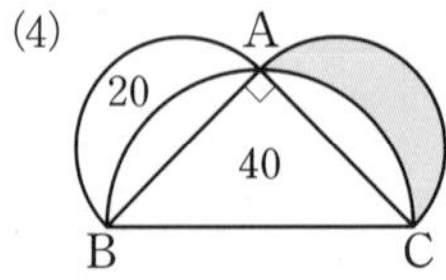

3

다음 그림은 직각삼각형 ABC의 세 변을 각각 지름으로 하는 반원을 그린 것이다. 색칠한 부분의 넓이를 구하시오.

(1)

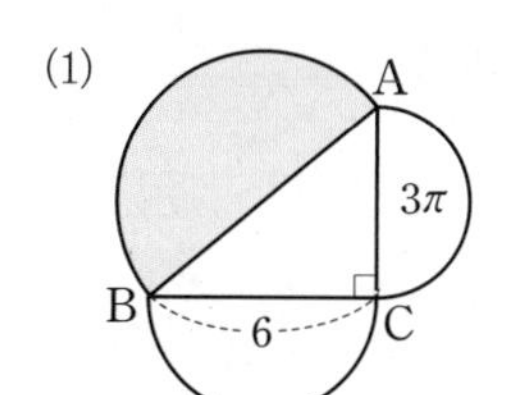

(2)

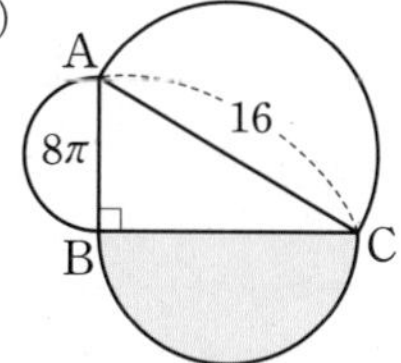

(3)

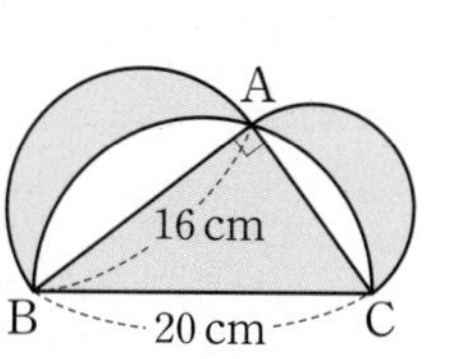

(4)

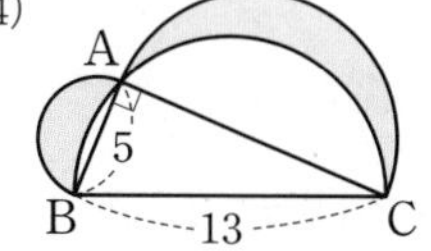

교과서 문제로 **개념 다지기**

4

오른쪽 그림과 같이 $\angle A=90°$인 직각삼각형 ABC의 세 변을 각각 지름으로 하는 반원의 넓이를 P, Q, R라 하자. $\overline{BC}=10\,\text{cm}$일 때, $P+Q+R$의 값을 구하시오.

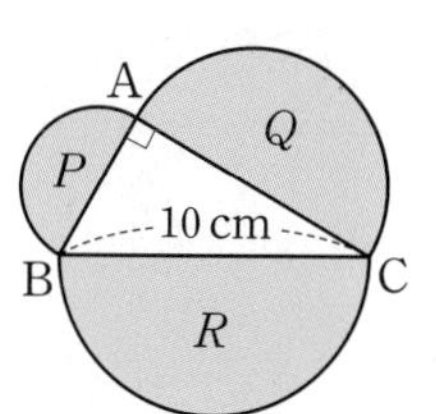

5

오른쪽 그림은 $\angle A=90°$인 직각삼각형 ABC의 세 변을 각각 지름으로 하는 반원을 그린 것이다. $\overline{AB}=16\,\text{cm}$, $\overline{BC}=20\,\text{cm}$일 때, 색칠한 부분의 넓이를 구하시오.

개념 Drill 42 경우의 수

1

한 개의 주사위를 던질 때, 다음을 구하시오.

(1) 홀수의 눈이 나오는 경우의 수

(2) 4보다 큰 수의 눈이 나오는 경우의 수

(3) 3 이하의 눈이 나오는 경우의 수

(4) 소수의 눈이 나오는 경우의 수

(5) 5의 약수의 눈이 나오는 경우의 수

(6) 3의 배수의 눈이 나오는 경우의 수

2

1부터 10까지의 자연수가 각각 하나씩 적힌 10장의 카드 중에서 한 장의 카드를 뽑을 때, 다음을 구하시오.

(1) 짝수가 적힌 카드가 나오는 경우의 수

(2) 4의 배수가 적힌 카드가 나오는 경우의 수

(3) 10의 약수가 적힌 카드가 나오는 경우의 수

(4) 5의 배수가 적힌 카드가 나오는 경우의 수

(5) 6 이하의 수가 적힌 카드가 나오는 경우의 수

(6) 3 이상 8 미만의 수가 적힌 카드가 나오는 경우의 수

정답 및 해설 118쪽

3

서로 다른 두 개의 동전을 동시에 던질 때, 다음을 구하시오.

(1) 앞면이 두 개 나오는 경우의 수

(2) 뒷면이 한 개만 나오는 경우의 수

(3) 서로 다른 면이 나오는 경우의 수

4

서로 다른 두 개의 주사위를 동시에 던질 때, 다음을 구하시오.

(1) 두 눈의 수의 합이 4인 경우의 수

(2) 두 눈의 수의 차가 2인 경우의 수

(3) 두 눈의 수가 모두 짝수인 경우의 수

교과서 문제로 개념 다지기

5

주머니에 1부터 15까지의 자연수가 각각 하나씩 적힌 공 15개가 들어 있다. 이 주머니에서 공을 한 개 꺼낼 때, 15의 약수가 적힌 공이 나오는 경우의 수를 구하시오.

6

서로 다른 두 개의 동전을 동시에 던질 때, 서로 같은 면이 나오는 경우의 수를 구하시오.

43 사건 A 또는 사건 B가 일어나는 경우의 수

1

다음을 구하시오.

(1) 희선이네 집에서 미술관까지 가는 버스 노선은 3개, 지하철 노선은 2개일 때, 버스나 지하철을 이용하여 희선이네 집에서 미술관까지 가는 경우의 수

(2) 부산에서 제주도까지 가는 비행기 노선은 4개, 배 노선은 3개일 때, 비행기나 배를 이용하여 부산에서 제주도까지 가는 경우의 수

(3) 서울에서 대구까지 가는 KTX 노선은 5개, 고속 버스 노선은 4개일 때, KTX나 고속 버스를 이용하여 서울에서 대구까지 가는 경우의 수

(4) 5종류의 빵과 2종류의 쿠키가 있을 때, 빵이나 쿠키 중 하나를 고르는 경우의 수

(5) 만화책 6권과 소설책 4권이 있을 때, 만화책이나 소설책 중 한 권을 고르는 경우의 수

(6) 꽃 가게에 장미 4송이, 백합 2송이, 튤립 3송이가 있을 때, 꽃 한 송이를 고르는 경우의 수

2

1부터 20까지의 자연수가 각각 하나씩 적힌 20장의 카드 중에서 한 장의 카드를 뽑을 때, □ 안에 알맞은 수를 쓰고, 다음을 구하시오.

(1) 4 이하이거나 15 이상의 수가 적힌 카드가 나오는 경우의 수

❶ 4 이하의 수가 적힌 카드가 나오는 경우의 수
⇨ □
❷ 15 이상의 수가 적힌 카드가 나오는 경우의 수
⇨ □
❸ 4 이하이거나 15 이상의 수가 적힌 카드가 나오는 경우의 수
⇨ □+□=□

(2) 7 미만이거나 17 초과의 수가 적힌 카드가 나오는 경우의 수

(3) 5의 배수 또는 7의 배수가 적힌 카드가 나오는 경우의 수

(4) 홀수 또는 6의 배수가 적힌 카드가 나오는 경우의 수

정답 및 해설 118쪽

3

서로 다른 두 개의 주사위를 동시에 던질 때, □ 안에 알맞은 수를 쓰고, 다음을 구하시오.

(1) 두 눈의 수의 합이 3 또는 6인 경우의 수

❶ 두 눈의 수의 합이 3인 경우의 수
⇨ □
❷ 두 눈의 수의 합이 6인 경우의 수
⇨ □
❸ 두 눈의 수의 합이 3 또는 6인 경우의 수
⇨ □+□=□

(2) 두 눈의 수의 합이 4 또는 12인 경우의 수

(3) 두 눈의 수의 차가 1 또는 3인 경우의 수

(4) 두 눈의 수의 차가 4 또는 5인 경우의 수

교과서 문제로 **개념 다지기**

4

어느 서점에 5종류의 수학 참고서와 7종류의 영어 참고서가 있을 때, 수학 참고서 또는 영어 참고서 중 한 권을 사는 경우의 수를 구하시오.

5

1부터 15까지의 자연수가 각각 하나씩 적힌 15장의 카드가 있다. 이 중에서 한 장의 카드를 뽑을 때, 소수 또는 4의 배수가 적힌 카드가 나오는 경우의 수를 구하시오.

개념 Drill ㊹ 사건 A와 사건 B가 동시에 일어나는 경우의 수

1

다음을 구하시오.

(1) 파랑, 보라, 노랑의 3가지 색의 상자와 빨강, 초록의 2가지 색의 리본이 있을 때, 상자와 리본을 각각 하나씩 고르는 경우의 수

(2) 4종류의 햄버거와 3종류의 음료수가 있을 때, 햄버거와 음료수를 각각 하나씩 고르는 경우의 수

(3) 5종류의 셔츠와 3종류의 바지를 각각 하나씩 짝 지어 입을 수 있는 경우의 수

(4) 자음 'ㄱ, ㄴ'과 모음 'ㅏ, ㅓ, ㅗ, ㅜ'에서 자음 한 개와 모음 한 개를 짝 지어 글자를 만들 수 있는 경우의 수

(5) 3종류의 공책과 5종류의 문제집이 있을 때, 공책과 문제집을 각각 하나씩 고르는 경우의 수

(6) 색이 다른 볼펜 6자루와 4종류의 필통이 있을 때, 볼펜과 필통을 각각 하나씩 고르는 경우의 수

2

A지점, B지점, C지점 사이의 길이 다음 그림과 같을 때, □ 안에 알맞은 수를 쓰고, A지점에서 B지점을 거쳐 C지점으로 가는 방법의 수를 구하시오.

(단, 한 번 지나간 지점은 다시 지나지 않는다.)

(1)

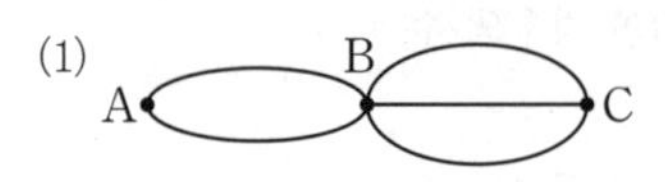

❶ A지점에서 B지점으로 가는 방법의 수
⇨ □

❷ B지점에서 C지점으로 가는 방법의 수
⇨ □

❸ A지점에서 B지점을 거쳐 C지점으로 가는 경우의 수
⇨ □×□=□

(2)

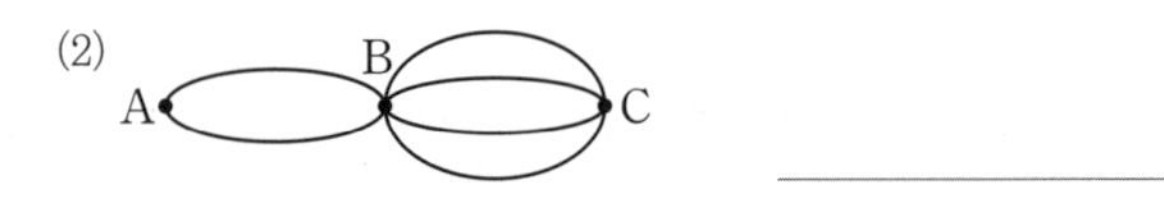

(3)

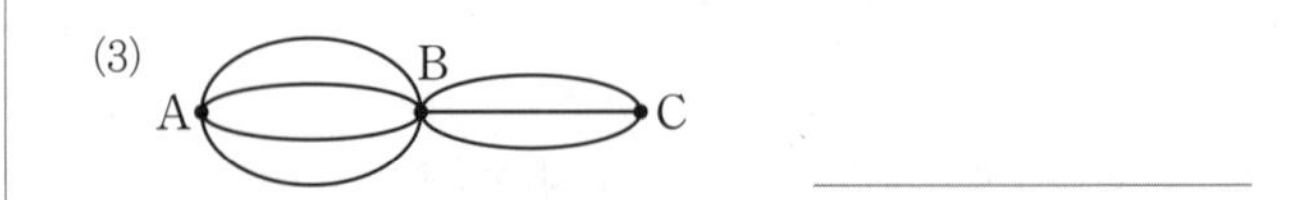

3

A, B 두 개의 주사위를 동시에 던질 때, □ 안에 알맞은 수를 쓰고, 다음을 구하시오.

(1) A주사위에서 6의 약수의 눈이 나오고, B주사위에서 3의 배수의 눈이 나오는 경우의 수

❶ A주사위에서 6의 약수의 눈이 나오는 경우의 수
⇨ □
❷ B주사위에서 3의 배수의 눈이 나오는 경우의 수
⇨ □
❸ A주사위에서 6의 약수의 눈이 나오고, B주사위에서 3의 배수의 눈이 나오는 경우의 수
⇨ □×□=□

(2) A주사위에서 4의 약수의 눈이 나오고, B주사위에서 5 이상의 눈이 나오는 경우의 수

(3) A주사위에서 3 미만의 눈이 나오고, B주사위에서 2의 배수의 눈이 나오는 경우의 수

(4) A, B 두 개의 주사위에서 모두 짝수의 눈이 나오는 경우의 수

교과서 문제로 개념 다지기

4

두 명의 학생이 가위바위보를 할 때, 일어나는 모든 경우의 수를 구하시오.

5

서로 다른 동전 2개와 주사위 1개를 동시에 던질 때, 동전은 서로 같은 면이 나오고 주사위는 소수의 눈이 나오는 경우의 수를 구하시오.

45 경우의 수의 응용(1) – 한 줄로 세우기

1
다음을 구하시오.

(1) A, B, C 3명을 한 줄로 세우는 경우의 수

(2) 미영, 경은, 지훈, 수현 4명의 학생을 한 줄로 세우는 경우의 수

(3) A, B, C, D, E 5명을 한 줄로 세우는 경우의 수

(4) 서로 다른 책 6권을 한 줄로 꽂는 경우의 수

2
다음을 구하시오.

(1) 3명 중에서 2명을 뽑아 한 줄로 세우는 경우의 수

(2) 4명 중에서 3명을 뽑아 한 줄로 세우는 경우의 수

(3) 5명 중에서 2명을 뽑아 한 줄로 세우는 경우의 수

(4) 6명 중에서 3명을 뽑아 한 줄로 세우는 경우의 수

3
A, B, C, D, E 5명을 한 줄로 세울 때, 다음을 구하시오.

(1) C를 맨 앞에 세우는 경우의 수

(2) A를 맨 뒤에 세우는 경우의 수

(3) B를 두 번째 자리에 세우는 경우의 수

(4) A를 맨 앞에, E를 맨 뒤에 세우는 경우의 수

4

□ 안에 알맞은 수를 쓰고, 다음을 구하시오.

(1) A, B, C 3명을 한 줄로 세울 때, A와 B를 이웃하게 세우는 경우의 수

❶ 2명을 한 줄로 세우는 경우의 수
→ A, B를 한 명으로 생각하기: (A, B), C
⇨ □

❷ A, B가 자리를 바꾸는 경우의 수
⇨ □

❸ A와 B를 이웃하게 세우는 경우의 수
⇨ □×□=□

(2) A, B, C, D 4명을 한 줄로 세울 때, B와 C를 이웃하게 세우는 경우의 수

(3) 미연, 지유, 서현, 경민, 진수 5명의 학생을 한 줄로 세울 때, 미연이와 지유를 이웃하게 세우는 경우의 수

(4) 미연, 지유, 서현, 경민, 진수 5명의 학생을 한 줄로 세울 때, 서현, 경민, 진수를 이웃하게 세우는 경우의 수

교과서 문제로 개념 다지기

5

5명의 학생 중에서 3명의 학생을 뽑아 한 줄로 세우는 경우의 수를 구하시오.

6

부모님과 형, 동생으로 이루어진 4명의 가족이 한 줄로 앉아 영화를 관람할 때, 부모님이 이웃하여 앉는 경우의 수를 구하시오.

46 경우의 수의 응용(2) – 자연수 만들기

1

다음의 숫자가 각각 하나씩 적힌 카드 중에서 2장을 동시에 뽑아 두 자리의 자연수를 만들 때, □ 안에 알맞은 수를 쓰고, 만들 수 있는 두 자리의 자연수의 개수를 구하시오.

(1) 1, 2, 7

> ❶ 십의 자리에 올 수 있는 숫자의 개수
> ⇨ □개
> 일의 자리에 올 수 있는 숫자의 개수
> ⇨ □개
> ❷ 만들 수 있는 두 자리의 자연수의 개수
> ⇨ □×□=□(개)

(2) 3, 4, 5, 8

(3) 1, 2, 6, 7, 9

(4) 1, 2, 4, 5, 7, 8

2

다음의 숫자가 각각 하나씩 적힌 카드 중에서 2장을 동시에 뽑아 두 자리의 자연수를 만들 때, □ 안에 알맞은 수를 쓰고, 만들 수 있는 두 자리의 자연수의 개수를 구하시오.

(1) 0, 3, 4

> ❶ 십의 자리에 올 수 있는 숫자의 개수
> ⇨ □개
> 일의 자리에 올 수 있는 숫자의 개수
> ⇨ □개
> ❷ 만들 수 있는 두 자리의 자연수의 개수
> ⇨ □×□=□(개)

(2) 0, 1, 4, 7

(3) 0, 2, 4, 6, 9

(4) 0, 1, 2, 4, 5, 7

3

다음의 숫자가 각각 하나씩 적힌 카드 중에서 3장을 동시에 뽑아 만들 수 있는 세 자리의 자연수의 개수를 구하시오.

(1) 2, 4, 5, 8

(2) 1, 3, 5, 7, 9

(3) 2, 3, 5, 6, 7, 9

(4) 0, 1, 4, 9

(5) 0, 2, 5, 7, 8

(6) 0, 1, 2, 3, 4, 5

교과서 문제로 **개념 다지기**

4

0, 1, 4, 5, 7, 9의 숫자가 각각 하나씩 적힌 6장의 카드가 있다. 다음을 구하시오.

(1) 2장의 카드를 동시에 뽑아 만들 수 있는 두 자리의 자연수의 개수

(2) 3장의 카드를 동시에 뽑아 만들 수 있는 세 자리의 자연수의 개수

5

1, 2, 3, 4, 5의 숫자가 각각 하나씩 적힌 5장의 카드 중에서 2장을 동시에 뽑아 두 자리의 자연수를 만들 때, 31 이상인 자연수의 개수를 구하시오.

개념 Drill 47 경우의 수의 응용(3) – 대표 뽑기

1

A, B, C, D, E 5명의 학생이 있다. □ 안에 알맞은 수를 쓰시오.

(1) 회장 1명, 부회장 1명을 뽑는 경우의 수

❶ 회장이 될 수 있는 학생 수 ⇨ □명
부회장이 될 수 있는 학생 수 ⇨ □명
❷ 회장 1명, 부회장 1명을 뽑는 경우의 수
⇨ □×□=□

(2) 회장 1명, 부회장 1명, 총무 1명을 뽑는 경우의 수

❶ 회장이 될 수 있는 학생 수 ⇨ □명
부회장이 될 수 있는 학생 수 ⇨ □명
총무가 될 수 있는 학생 수 ⇨ □명
❷ 회장 1명, 부회장 1명, 총무 1명을 뽑는 경우의 수
⇨ □×□×□=□

2

A, B, C, D 4명의 학생이 있다. 다음을 구하시오.

(1) 회장 1명, 부회장 1명을 뽑는 경우의 수

(2) 회장 1명, 부회장 1명, 총무 1명을 뽑는 경우의 수

3

A, B, C, D, E 5명의 학생이 있다. □ 안에 알맞은 수를 쓰시오.

(1) 대표 2명을 뽑는 경우의 수

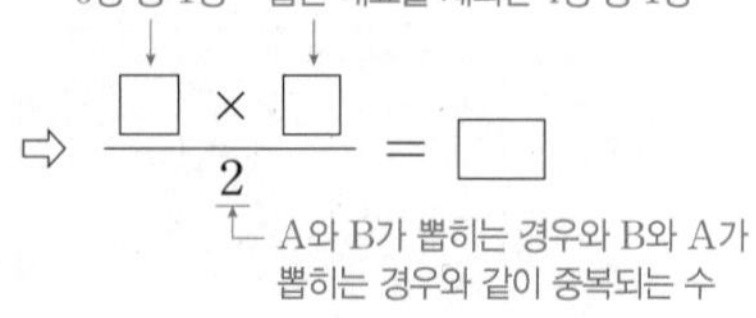

(2) 대표 3명을 뽑는 경우의 수

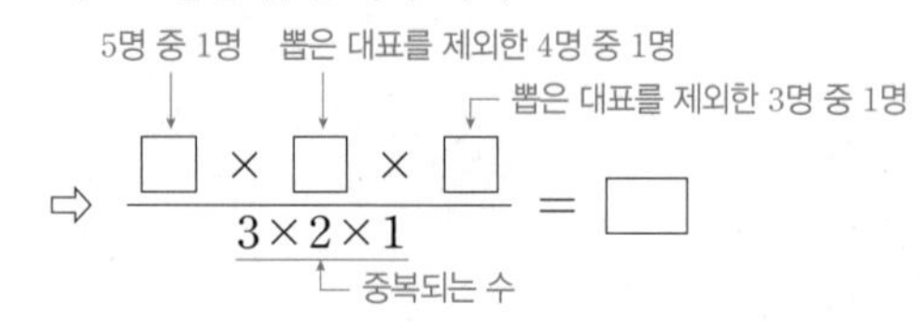

4

A, B, C, D 4명의 학생이 있다. 다음을 구하시오.

(1) 대표 2명을 뽑는 경우의 수

(2) 대표 3명을 뽑는 경우의 수

5

남학생 2명, 여학생 3명이 있다. 다음을 구하시오.

(1) 회장 1명, 부회장 1명을 뽑는 경우의 수

(2) 회장 1명, 부회장 1명, 총무 1명을 뽑는 경우의 수

(3) 대표 2명을 뽑는 경우의 수

(4) 대표 3명을 뽑는 경우의 수

(5) 남학생 대표 1명, 여학생 대표 1명을 뽑는 경우의 수

(6) 회장 1명, 부회장 2명을 뽑는 경우의 수

교과서 문제로 개념 다지기

6

어느 댄스 대회의 결승전에 7개의 팀이 진출하였다. 이 팀 중에서 대상, 최우수상을 한 팀씩 뽑는 경우의 수를 구하시오.

7

6명의 학생 중에서 3명의 학급 도우미를 뽑는 경우의 수를 구하시오.

48 확률

1

□ 안에 알맞은 수를 쓰고, 다음을 구하시오.

(1) 모양과 크기가 같은 빨간 공 2개, 파란 공 3개가 들어 있는 주머니에서 한 개의 공을 꺼낼 때, 파란 공이 나올 확률

❶ 모든 경우의 수
⇨ □
❷ 파란 공이 나오는 경우의 수
⇨ □
❸ 파란 공이 나올 확률
⇨ □

(2) 모양과 크기가 같은 노란 공 4개, 검은 공 3개가 들어 있는 주머니에서 한 개의 공을 꺼낼 때, 노란 공이 나올 확률

______

2

1부터 10까지의 자연수가 각각 하나씩 적힌 10장의 카드가 있다. □ 안에 알맞은 수를 쓰고, 다음을 구하시오.

(1) 짝수가 적힌 카드가 나올 확률

❶ 모든 경우의 수
⇨ □
❷ 짝수가 적힌 카드가 나오는 경우의 수
⇨ □
❸ 짝수가 적힌 카드가 나올 확률
⇨ □

(2) 10의 약수가 적힌 카드가 나올 확률

______

3

서로 다른 두 개의 동전을 동시에 던질 때, □ 안에 알맞은 수를 쓰고, 다음을 구하시오.

(1) 서로 다른 면이 나올 확률

❶ 모든 경우의 수
⇨ □
❷ 서로 다른 면이 나오는 경우의 수
⇨ □
❸ 서로 다른 면이 나올 확률
⇨ □

(2) 앞면이 2개 나올 확률

______

(3) 앞면이 1개, 뒷면이 1개 나올 확률

______

(4) 서로 같은 면이 나올 확률

______

4

서로 다른 두 개의 주사위를 동시에 던질 때, □ 안에 알맞은 수를 쓰고, 다음을 구하시오.

(1) 두 눈의 수의 합이 5일 확률

> ❶ 모든 경우의 수
> ⇨ □
> ❷ 두 눈의 수의 합이 5인 경우의 수
> ⇨ □
> ❸ 두 눈의 수의 합이 5일 확률
> ⇨ □

(2) 두 눈의 수의 합이 7일 확률

____

(3) 두 눈의 수의 차가 2일 확률

____

(4) 두 눈의 수의 곱이 4일 확률

____

교과서 문제로 개념 다지기

5

흰 바둑돌 6개, 검은 바둑돌 4개가 들어 있는 주머니에서 한 개의 바둑돌을 꺼낼 때, 검은 바둑돌이 나올 확률을 구하시오.

____

6

서로 다른 세 개의 동전을 동시에 던질 때, 앞면이 1개, 뒷면이 2개 나올 확률을 구하시오.

____

개념 Drill 49 확률의 성질

1

다음을 구하시오.

(1) 한 개의 주사위를 던질 때, 0의 눈이 나올 확률

(2) 모양과 크기가 같은 노란 공 4개, 빨간 공 3개가 들어 있는 상자에서 한 개의 공을 꺼낼 때, 파란 공이 나올 확률

(3) 여학생 5명 중에서 대표 2명을 뽑을 때, 모두 여학생이 뽑힐 확률

(4) 한 개의 주사위를 던질 때, 6 이하의 눈이 나올 확률

(5) 검은 바둑돌 10개가 들어 있는 주머니에서 바둑돌 한 개를 꺼낼 때, 흰 바둑돌이 나올 확률

(6) 검은 바둑돌 10개가 들어 있는 주머니에서 바둑돌 한 개를 꺼낼 때, 검은 바둑돌이 나올 확률

2

□ 안에 알맞은 수를 쓰고, 다음을 구하시오.

(1) 한 개의 주사위를 던질 때, 5의 약수의 눈이 나오지 않을 확률

❶ 5의 약수의 눈이 나올 확률

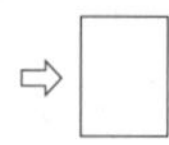

❷ 5의 약수의 눈이 나오지 않을 확률

⇨ 1−(5의 약수의 눈이 나올 확률)

=1−□

=□

(2) A, B 두 사람의 수영 시합에서 A가 이길 확률이 $\frac{3}{5}$일 때, B가 이길 확률 (단, 비기는 경우는 없다.)

(3) 3개의 당첨 제비를 포함한 7개의 제비 중에서 한 개의 제비를 뽑을 때, 당첨되지 않을 확률

(4) 1부터 15까지의 자연수가 각각 하나씩 적힌 15장의 카드 중에서 한 장의 카드를 뽑을 때, 카드에 적힌 수가 6의 배수가 아닐 확률

3

□ 안에 알맞은 수를 쓰고, 다음을 구하시오.

(1) 서로 다른 두 개의 동전을 동시에 던질 때, 적어도 한 개는 앞면이 나올 확률

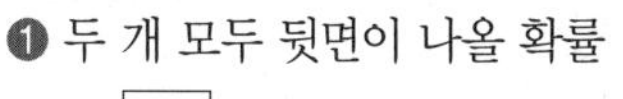

❶ 두 개 모두 뒷면이 나올 확률

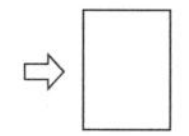

⇨ □

❷ 적어도 한 개는 앞면이 나올 확률

⇨ 1－(두 개 모두 뒷면이 나올 확률)

＝1－□

＝□

(2) 서로 다른 세 개의 동전을 동시에 던질 때, 적어도 한 개는 뒷면이 나올 확률

____

(3) 서로 다른 두 개의 주사위를 동시에 던질 때, 적어도 한 개는 짝수의 눈이 나올 확률

____

(4) 2개의 ○, × 문제에 임의로 답할 때, 적어도 한 문제는 맞힐 확률

____

교과서 문제로 개념 다지기

4

주머니에 1부터 10까지의 자연수가 각각 하나씩 적힌 10개의 구슬이 들어 있다. 이 주머니에서 한 개의 구슬을 꺼낼 때, 다음 중 옳은 것을 모두 고르면? (정답 2개)

① 1이 적힌 구슬이 나올 확률은 1이다.
② 0이 적힌 구슬이 나올 확률은 0이다.
③ 3이 적힌 구슬이 나올 확률은 $\frac{3}{10}$이다.
④ 10 이상의 수가 적힌 구슬이 나올 확률은 0이다.
⑤ 10 이하의 수가 적힌 구슬이 나올 확률은 1이다.

5

서로 다른 두 개의 주사위를 동시에 던질 때, 나오는 두 눈의 수의 합이 10 이하일 확률을 구하시오.

____

개념 Drill 50 사건 A 또는 사건 B가 일어날 확률

1

모양과 크기가 같은 빨간 공 5개, 노란 공 3개, 파란 공 4개가 들어 있는 주머니에서 한 개의 공을 꺼낼 때, □ 안에 알맞은 수를 쓰고, 다음을 구하시오.

(1) 노란 공 또는 파란 공이 나올 확률

❶ 노란 공이 나올 확률

⇨ □

❷ 파란 공이 나올 확률

⇨ □

❸ 노란 공 또는 파란 공이 나올 확률

⇨ □ + □ = □

(2) 빨간 공 또는 노란 공이 나올 확률

(3) 빨간 공 또는 파란 공이 나올 확률

2

1부터 10까지의 자연수가 각각 하나씩 적힌 10장의 카드 중에서 한 장을 뽑을 때, □ 안에 알맞은 수를 쓰고, 다음을 구하시오.

(1) 3의 배수 또는 4의 배수가 적힌 카드가 나올 확률

❶ 3의 배수가 적힌 카드가 나올 확률

⇨ □

❷ 4의 배수가 적힌 카드가 나올 확률

⇨ □

❸ 3의 배수 또는 4의 배수가 적힌 카드가 나올 확률

⇨ □ + □ = □

(2) 소수 또는 두 자리의 자연수가 적힌 카드가 나올 확률

(3) 5의 배수 또는 7의 배수가 적힌 카드가 나올 확률

(4) 4의 배수 또는 9의 약수가 적힌 카드가 나올 확률

정답 및 해설 120쪽

3

서로 다른 두 개의 주사위를 동시에 던질 때, □ 안에 알맞은 수를 쓰고, 다음을 구하시오.

(1) 두 눈의 수의 합이 6 또는 11일 확률

❶ 두 눈의 수의 합이 6일 확률

⇨ □

❷ 두 눈의 수의 합이 11일 확률

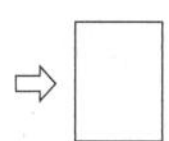

❸ 두 눈의 수의 합이 6 또는 11일 확률

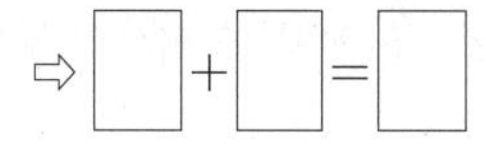

(2) 두 눈의 수의 합이 7 또는 12일 확률

(3) 두 눈의 수의 차가 3 또는 5일 확률

(4) 두 눈의 수의 차가 2 또는 4일 확률

교과서 문제로 **개념 다지기**

4

1부터 12까지의 자연수가 각각 하나씩 적힌 12장의 카드 중에서 한 장의 카드를 뽑을 때, 소수 또는 6의 배수가 적힌 카드가 나올 확률을 구하시오.

5

A, B, C, D, E 5명의 학생이 한 줄로 설 때, B 또는 D가 맨 앞에 설 확률을 구하시오.

51 사건 A와 사건 B가 동시에 일어날 확률

1

A주머니에는 모양과 크기가 같은 빨간 공 5개, 파란 공 2개가 들어 있고 B주머니에는 모양과 크기가 같은 빨간 공 5개, 파란 공 3개가 들어 있다. A, B 두 주머니에서 각각 공을 한 개씩 꺼낼 때, □ 안에 알맞은 수를 쓰고, 다음을 구하시오.

(1) A주머니에서 빨간 공, B주머니에서 파란 공이 나올 확률

❶ A주머니에서 빨간 공이 나올 확률
⇨ □

❷ B주머니에서 파란 공이 나올 확률
⇨ □

❸ A주머니에서 빨간 공, B주머니에서 파란 공이 나올 확률
⇨ □ × □ = □

(2) A주머니에서 파란 공, B주머니에서 빨간 공이 나올 확률

(3) 두 주머니에서 모두 파란 공이 나올 확률

(4) 두 주머니에서 모두 빨간 공이 나올 확률

2

동전 한 개와 주사위 한 개를 동시에 던질 때, □ 안에 알맞은 수를 쓰고, 다음을 구하시오.

(1) 동전은 앞면이 나오고, 주사위는 5 이상의 눈이 나올 확률

❶ 동전의 앞면이 나올 확률
⇨ □

❷ 주사위에서 5 이상의 눈이 나올 확률
⇨ □

❸ 동전은 앞면이 나오고, 주사위는 5 이상의 눈이 나올 확률
⇨ □ × □ = □

(2) 동전은 뒷면이 나오고, 주사위는 6의 약수의 눈이 나올 확률

(3) 동전은 앞면이 나오고, 주사위는 2의 배수의 눈이 나올 확률

(4) 동전은 뒷면이 나오고, 주사위는 소수의 눈이 나올 확률

3

A, B 두 개의 주사위를 동시에 던질 때, □ 안에 알맞은 수를 쓰고, 다음을 구하시오.

(1) A주사위는 소수의 눈이 나오고, B주사위는 짝수의 눈이 나올 확률

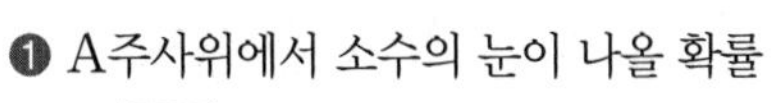
❶ A주사위에서 소수의 눈이 나올 확률

⇨ □

❷ B주사위에서 짝수의 눈이 나올 확률

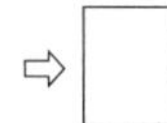
⇨ □

❸ A주사위는 소수의 눈이 나오고, B주사위는 짝수의 눈이 나올 확률

⇨ □ × □ = □

(2) A주사위는 2의 배수의 눈이 나오고, B주사위는 홀수의 눈이 나올 확률

(3) A주사위는 3 이하의 눈이 나오고, B주사위는 6의 약수의 눈이 나올 확률

(4) A주사위는 3의 배수의 눈이 나오고, B주사위는 4의 약수의 눈이 나올 확률

교과서 문제로 개념 다지기

4

서로 다른 두 개의 동전과 한 개의 주사위를 동시에 던질 때, 두 개의 동전은 서로 다른 면이 나오고, 주사위는 4보다 작은 눈이 나올 확률을 구하시오.

5

지민이가 A, B 두 문제를 풀 확률이 각각 $\frac{4}{5}$, $\frac{5}{8}$일 때, 다음을 구하시오.

(1) 두 문제를 모두 풀 확률

(2) 두 문제를 모두 풀지 못할 확률

(3) A문제만 풀 확률

개념 Drill 52 확률의 응용 – 연속하여 꺼내기

1

주머니에 모양과 크기가 같은 흰 공 5개, 검은 공 2개가 들어 있다. 다음은 이 주머니에서 2개의 공을 차례로 꺼낼 때, 꺼낸 2개의 공이 모두 흰 공일 확률을 구하는 과정이다. □ 안에 알맞은 수를 쓰시오.

(1) 꺼낸 공을 다시 넣을 때

❶ 첫 번째에 흰 공을 꺼낼 확률

⇨ □

❷ 두 번째에 흰 공을 꺼낼 확률

⇨ 남은 공은 □개,

흰 공은 □개이므로

그 확률은 □

❸ 꺼낸 2개의 공이 모두 흰 공일 확률

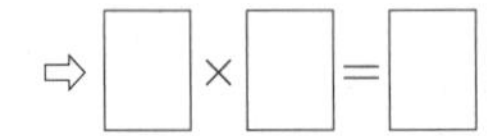

⇨ □ × □ = □

(2) 꺼낸 공을 다시 넣지 않을 때

❶ 첫 번째에 흰 공을 꺼낼 확률

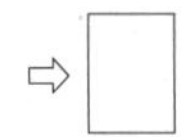

⇨ □

❷ 두 번째에 흰 공을 꺼낼 확률

⇨ 남은 공은 □개,

흰 공은 □개이므로

그 확률은 □

❸ 꺼낸 2개의 공이 모두 흰 공일 확률

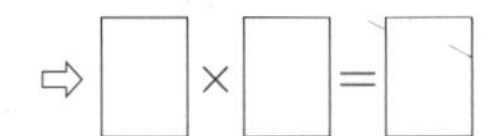

⇨ □ × □ = □

2

3개의 당첨 제비를 포함한 10개의 당첨 제비가 들어 있는 상자에서 A가 한 개의 제비를 뽑아 확인하고 다시 넣은 후 B가 한 개의 제비를 뽑을 때, 다음을 구하시오.

(1) A, B가 모두 당첨될 확률

(2) A, B가 모두 당첨되지 않을 확률

(3) A만 당첨될 확률

(4) B만 당첨될 확률

3

3개의 당첨 제비를 포함한 10개의 당첨 제비가 들어 있는 상자에서 A, B가 차례로 제비를 한 개씩 뽑을 때, 다음을 구하시오. (단, 뽑은 제비는 다시 넣지 않는다.)

(1) A, B가 모두 당첨될 확률

____

(2) A, B가 모두 당첨되지 않을 확률

____

(3) A만 당첨될 확률

____

(4) B만 당첨될 확률

____

교과서 문제로 **개념 다지기**

4

주머니에 모양과 크기가 같은 파란 공 2개, 빨간 공 4개가 들어 있다. 이 주머니에서 A가 한 개의 공을 뽑아 확인하고 다시 넣은 후 B가 한 개의 공을 꺼낼 때, A는 파란 공을 꺼내고, B는 빨간 공을 꺼낼 확률을 구하시오.

____

5

상자에 모양과 크기가 같은 딸기 맛 사탕 6개, 포도 맛 사탕 4개가 들어 있다. 이 상자에서 민호와 수진이가 차례로 사탕을 한 개씩 꺼낼 때, 두 사람 모두 딸기 맛 사탕을 꺼낼 확률을 구하시오. (단, 꺼낸 사탕은 다시 넣지 않는다.)

____

01 이등변삼각형의 성질

1 답 (1) $75°$ (2) $45°$ (3) $55°$ (4) $65°$

2 답 (1) $115°$ (2) $106°$ (3) $90°$ (4) $80°$

3 답 (1) 7 (2) 12 (3) 90 (4) 55 (5) 52

4 답 95

$\overline{AD}$는 $\angle A$의 이등분선이므로 $\overline{BD}=\overline{CD}$에서

$\overline{BD}=\frac{1}{2}\overline{BC}=\frac{1}{2}\times 10=5(\text{cm})$ $\therefore x=5$

또 $\overline{AD}\perp\overline{BC}$이므로 $\angle ADC=90°$ $\therefore y=90$

$\therefore x+y=5+90=95$

5 답 $\angle x=69°$, $\angle y=27°$

$\triangle ABC$에서 $\overline{AB}=\overline{AC}$이므로

$\angle x=\angle ACB=\frac{1}{2}\times(180°-42°)=69°$

$\triangle CDB$에서 $\overline{CD}=\overline{CB}$이므로

$\angle CDB=\angle B=69°$

이때 $\triangle ADC$에서 $42°+\angle y=69°$

$\therefore \angle y=27°$

02 이등변삼각형의 성질의 응용

1 답 (1) $\angle x=28°$, $\angle y=84°$ (2) $\angle x=36°$, $\angle y=72°$
(3) $\angle x=35°$, $\angle y=75°$ (4) $\angle x=25°$, $\angle y=75°$

2 답 (1) $\angle x=60°$, $\angle y=60°$ (2) $\angle x=50°$, $\angle y=65°$
(3) $\angle x=84°$, $\angle y=48°$ (4) $\angle x=36°$, $\angle y=54°$

3 답 (1) $60°$ (2) $105°$ (3) $68°$ (4) $99°$

4 답 $81°$

$\triangle ABC$에서 $\overline{AB}=\overline{AC}$이므로

$\angle ABC=\angle C=\frac{1}{2}\times(180°-48°)=66°$

$\therefore \angle ABD=\frac{1}{2}\angle ABC=\frac{1}{2}\times 66°=33°$

따라서 $\triangle ABD$에서 $\angle BDC=48°+33°=81°$

5 답 $32°$

$\triangle DBC$에서 $\overline{DB}=\overline{DC}$이므로 $\angle B=\angle DCB=\angle x$

$\therefore \angle CDA=\angle x+\angle x=2\angle x$

$\triangle CAD$에서 $\overline{CA}=\overline{CD}$이므로

$\angle CAD=\angle CDA=2\angle x$

따라서 $\triangle ABC$에서 $\angle x+2\angle x=96°$

$3\angle x=96°$ $\therefore \angle x=32°$

03 이등변삼각형이 되는 조건

1 답 (1) 7 (2) 6 (3) 8 (4) 11

2 답 (1) 10 (2) 12

3 답 (1) 10 (2) 7

4 답 6

$\angle C=180°-(56°+68°)=56°$이므로 $\angle A=\angle C$

즉, $\triangle ABC$는 $\overline{BA}=\overline{BC}$인 이등변삼각형이므로

$x+6=2x$ $\therefore x=6$

5 답 ②, ③

$\triangle ABC$에서 $\overline{AB}=\overline{AC}$이므로

$\angle ABC=\angle ACB=\frac{1}{2}\times(180°-36°)=72°$

① $\angle ABD=\frac{1}{2}\angle ABC=\frac{1}{2}\times 72°=36°$

② $\triangle DAB$에서 $\angle BDC=36°+36°=72°$

④ $\angle A=\angle ABD$이므로 $\triangle ABD$는 $\overline{DA}=\overline{DB}$인 이등변삼각형이다.

⑤ $\angle C=\angle BDC$이므로 $\triangle BCD$는 $\overline{BC}=\overline{BD}$인 이등변삼각형이다.

따라서 옳지 않은 것은 ②, ③이다.

6 답 (1) 5 (2) 4

(1) $\triangle ADC$에서 $\angle ADB=30°+30°=60°$
즉, $\angle B=\angle ADB$이므로 $\triangle ABD$에서 $\overline{AD}=\overline{AB}=5$
이때 $\angle DAC=\angle DCA$이므로 $\triangle ADC$에서 $x=\overline{AD}=5$

(2) $\triangle DBC$에서 $\angle DCB=50°-25°=25°$
즉, $\angle B=\angle DCB$이므로 $\overline{DC}=\overline{DB}=4$
이때 $\angle CDA=\angle CAD$이므로 $\triangle ADC$에서 $x=\overline{DC}=4$

04 직각삼각형의 합동 조건

1 답 (1) $90°$, $\overline{DE}$, $\angle D$, RHA (2) $90°$, $\overline{DE}$, $\overline{EF}$, RHS

2 답 (1) $\triangle ABC \equiv \triangle EFD$, RHS 합동
(2) $\triangle ABC \equiv \triangle FDE$, RHA 합동
(3) $\triangle ABC \equiv \triangle EDC$, RHS 합동
(4) $\triangle ABC \equiv \triangle FED$, RHA 합동

3 답 (1) 4 (2) 6 (3) 6 (4) 30

4 답 ㄴ과 ㄹ(RHS 합동), ㄷ과 ㅁ(RHA 합동)

5 답 2 cm
$\triangle ACE$와 $\triangle ADE$에서
$\angle C=\angle ADE=90°$, $\overline{AE}$는 공통, $\overline{AC}=\overline{AD}$이므로
$\triangle ACE \equiv \triangle ADE$ (RHS 합동)
$\therefore \overline{DE}=\overline{CE}=2\,\text{cm}$

05 직각삼각형의 합동 조건의 응용 – 각의 이등분선

1 답 (1) 2 (2) 2 (3) 7 (4) 5

2 답 (1) 30° (2) 37° (3) 63° (4) 18°

3 답 (1) ○ (2) ○ (3) × (4) ○ (5) ○ (6) × (7) ×

4 답 10
$\triangle AOP$와 $\triangle BOP$에서
$\angle PAO=\angle PBO=90°$, $\overline{OP}$는 공통, $\overline{PA}=\overline{PB}$
따라서 $\triangle AOP \equiv \triangle BOP$ (RHS 합동)이므로
$\angle POA=\angle POB=20°$ $\quad\therefore x=20$
$\overline{OA}=\overline{OB}=10\,\text{cm}$ $\quad\therefore y=10$
$\therefore x-y=20-10=10$

5 답 $12\,\text{cm}^2$
$\triangle ABD$와 $\triangle AED$에서
$\angle B=\angle AED=90°$, $\overline{AD}$는 공통, $\angle BAD=\angle EAD$이므로
$\triangle ABD \equiv \triangle AED$ (RHA 합동)
$\therefore \overline{DE}=\overline{DB}=3\,\text{cm}$
$\therefore \triangle ADE=\frac{1}{2}\times 8\times 3=12(\text{cm}^2)$

06 삼각형의 외심

1 답 (1) ○ (2) × (3) × (4) ○ (5) × (6) ○

2 답 (1) 4 (2) 12 (3) 7 (4) 6 (5) 10

3 답 (1) 32° (2) 25° (3) 140° (4) 70° (5) 31°

4 답 ②
점 O는 $\overline{AC}$, $\overline{BC}$의 수직이등분선의 교점이므로 $\triangle ABC$의 외심(⑤)이다.
① 삼각형의 외심에서 세 꼭짓점에 이르는 거리는 같으므로
$\overline{OA}=\overline{OB}=\overline{OC}$
③ $\triangle AOE$와 $\triangle COE$에서
$\overline{AE}=\overline{CE}$, $\angle AEO=\angle CEO=90°$, $\overline{OE}$는 공통
$\therefore \triangle AOE \equiv \triangle COE$ (SAS 합동)
④ $\overline{OB}=\overline{OC}$이므로 $\triangle OBC$는 이등변삼각형이다.
따라서 옳지 않은 것은 ②이다.

5 답 $25\pi\,\text{cm}^2$
직각삼각형의 외심은 빗변의 중점이므로
$\overline{OA}=\overline{OC}=\frac{1}{2}\overline{AC}=\frac{1}{2}\times 10=5(\text{cm})$
즉, 외접원의 반지름의 길이는 5 cm이므로
(외접원의 넓이)$=\pi\times 5^2=25\pi(\text{cm}^2)$

07 삼각형의 외심의 응용

1 답 (1) 23° (2) 34° (3) 46° (4) 20° (5) 54°

2 답 (1) 92° (2) 68° (3) 68° (4) 60°

3 답 (1) 60° (2) 68° (3) 55° (4) 26°

4 답 120°
$\triangle OBC$에서 $\overline{OB}=\overline{OC}$이므로 $\angle OBC=\angle OCB=18°$
$\therefore \angle ABC=42°+18°=60°$
$\therefore \angle AOC=2\angle ABC=2\times 60°=120°$

5 답 65°
$\triangle OAB$에서 $\overline{OA}=\overline{OB}$이므로 $\angle OAB=\angle OBA=35°$
이때 $\angle OAC+35°+25°=90°$이므로 $\angle OAC=30°$
$\therefore \angle BAC=\angle OAB+\angle OAC=35°+30°=65°$

08 삼각형의 내심

1 답 (1) × (2) ○ (3) × (4) ○ (5) ○ (6) ×

2 답 (1) 20° (2) 18° (3) 35° (4) 70° (5) 36°

3 답 (1) 2　(2) 3　(3) 3　(4) 7　(5) 6

4 답 ④, ⑤

④ △ADI와 △AFI에서

$\angle ADI=\angle AFI=90^\circ$, $\overline{AI}$는 공통, $\angle DAI=\angle FAI$

$\therefore$ △ADI≡△AFI (RHA 합동)

⑤ 삼각형의 내심에서 세 변에 이르는 거리는 같으므로

$\overline{ID}=\overline{IE}=\overline{IF}$

5 답 120°

점 I는 △ABC의 내심이므로

$\angle IBA=\angle IBC=28^\circ$, $\angle IAB=\angle IAC=32^\circ$

따라서 △IAB에서

$\angle x=180^\circ-(28^\circ+32^\circ)=120^\circ$

09 삼각형의 내심의 응용 (1)

1 답 (1) 39°　(2) 17°　(3) 35°　(4) 25°　(5) 33°

2 답 (1) 119°　(2) 111°　(3) 100°　(4) 68°

3 답 (1) 126°　(2) 118°　(3) 30°　(4) 16°

4 답 41°

점 I는 △ABC의 내심이므로 오른쪽 그림과 같이 $\overline{IA}$를 그으면

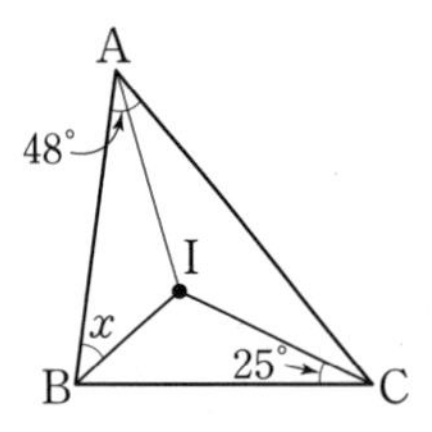

$\angle IAC=\frac{1}{2}\angle BAC=\frac{1}{2}\times 48^\circ=24^\circ$

따라서 $\angle x+24^\circ+25^\circ=90^\circ$이므로

$\angle x=41^\circ$

5 답 $\angle x=115^\circ$, $\angle y=45^\circ$

점 I는 △ABC의 내심이므로

$\angle x=90^\circ+\frac{1}{2}\angle A=90^\circ+\frac{1}{2}\times 50^\circ=115^\circ$

이때 △IBC에서 $\angle ICB=\angle ICA=20^\circ$이므로

$\angle IBC=180^\circ-(115^\circ+20^\circ)=45^\circ$

$\therefore \angle y=\angle IBC=45^\circ$

10 삼각형의 내심의 응용 (2)

1 답 (1) 24　(2) 54　(3) 30　(4) 12

2 답 (1) $\frac{7}{2}$　(2) $\frac{4}{3}$

3 답 (1) 5　(2) 4　(3) 14　(4) 8

4 답 (1) 60　(2) 36

5 답 $145\,\text{cm}^2$

$\triangle ABC=\frac{1}{2}\times 5\times$(△ABC의 둘레의 길이)

$=\frac{1}{2}\times 5\times 58=145(\text{cm}^2)$

6 답 5

$\overline{BD}=\overline{BE}=x\,\text{cm}$이므로

$\overline{AF}=\overline{AD}=(8-x)\,\text{cm}$, $\overline{CF}=\overline{CE}=(12-x)\,\text{cm}$

이때 $\overline{AC}=10\,\text{cm}$이므로

$(8-x)+(12-x)=10$, $20-2x=10$

$2x=10$　$\therefore x=5$

11 삼각형의 외심과 내심

1 답 (1) 내심　(2) 외심　(3) 외심　(4) 내심

2 답 (1) $\angle x=80^\circ$, $\angle y=110^\circ$　(2) $\angle x=108^\circ$, $\angle y=117^\circ$

(3) $\angle x=60^\circ$, $\angle y=105^\circ$

3 답 33°

점 I는 △ABC의 내심이므로

$\angle BIC=90^\circ+\frac{1}{2}\angle A=90^\circ+\frac{1}{2}\times 38^\circ=109^\circ$

또 점 O는 △ABC의 외심이므로

$\angle BOC=2\angle A=2\times 38^\circ=76^\circ$

$\therefore \angle BIC-\angle BOC=109^\circ-76^\circ=33^\circ$

4 답 115°

점 O는 △ABC의 외심이므로

$\angle A=\frac{1}{2}\times\angle BOC=\frac{1}{2}\times 100^\circ=50^\circ$

점 I는 △ABC의 내심이므로

$\angle BIC=90^\circ+\frac{1}{2}\angle A=90^\circ+\frac{1}{2}\times 50^\circ=115^\circ$

5 답 (1) 46°　(2) 34°　(3) 12°

(1) △OBC에서 $\overline{OB}=\overline{OC}$이므로

$\angle OCB=\frac{1}{2}\times(180^\circ-88^\circ)=46^\circ$

(2) 점 O는 $\triangle ABC$의 외심이므로

$\angle A=\frac{1}{2}\times\angle BOC=\frac{1}{2}\times 88^\circ=44^\circ$

$\triangle ABC$에서 $\overline{AB}=\overline{AC}$이므로

$\angle ACB=\frac{1}{2}\times(180^\circ-44^\circ)=68^\circ$

이때 점 I는 $\triangle ABC$의 내심이므로

$\angle ICB=\frac{1}{2}\angle ACB=\frac{1}{2}\times 68^\circ=34^\circ$

(3) $\angle OCI=\angle OCB-\angle ICB=46^\circ-34^\circ=12^\circ$

12 평행사변형의 성질

1 답 (1) $x=50$, $y=55$ (2) $x=9$, $y=12$ (3) $x=3$, $y=2$
(4) $x=110$, $y=70$ (5) $x=130$, $y=50$

2 답 (1) 3 (2) 4 (3) 14 (4) 1

3 답 (1) ○ (2) ○ (3) × (4) × (5) ○ (6) × (7) ○

4 답 $x=2$, $y=65$

$\overline{AD}=\overline{BC}$이므로 $12=5x+2$, $5x=10$ $\therefore x=2$

또 $\angle D=\angle B=75^\circ$이므로

$\triangle ACD$에서 $\angle ACD=180^\circ-(40^\circ+75^\circ)=65^\circ$ $\therefore y=65$

5 답 6

$\overline{AC}=2\overline{AO}=2\times4=8$ $\therefore x=8$

$\overline{AD}=\overline{BC}$이므로 $2y+1=y+3$ $\therefore y=2$

$\therefore x-y=8-2=6$

13 평행사변형이 되는 조건

1 답 (1) 두 쌍의 대변의 길이가 각각 같다.
(2) 한 쌍의 대변이 평행하고 그 길이가 같다.
(3) 두 쌍의 대각의 크기가 각각 같다.
(4) 두 쌍의 대변이 각각 평행하다.
(5) 두 대각선이 서로 다른 것을 이등분한다.

2 답 (1) $x=10$, $y=7$ (2) $x=50$, $y=130$ (3) $x=5$, $y=8$
(4) $x=13$, $y=38$ (5) $x=70$, $y=40$

3 답 (1) ○ (2) ○ (3) ○ (4) × (5) × (6) ○

4 답 ②, ⑤

① 두 쌍의 대변의 길이가 각각 같으므로 평행사변형이다.

③ 두 쌍의 대변이 각각 평행하므로 평행사변형이다.

④ 한 쌍의 대변이 평행하고 그 길이가 같으므로 평행사변형이다.

따라서 평행사변형이 아닌 것은 ②, ⑤이다.

5 답 ㄱ

ㄱ. $\overline{AB}\neq\overline{DC}$, $\overline{AD}\neq\overline{BC}$이므로 평행사변형이 아니다.

14 평행사변형과 넓이

1 답 (1) 30 (2) 15 (3) 30 (4) 30 (5) 30

2 답 (1) 10 (2) 12 (3) 9 (4) 16

3 답 (1) 24 (2) 18 (3) 8 (4) 8

4 답 $28\,cm^2$

$\square ABCD=4\triangle AOD=4\times7=28(cm^2)$

5 답 $10\,cm^2$

$\triangle PAB+\triangle PCD=\triangle PDA+\triangle PBC$이므로

$15+\triangle PCD=14+11$ $\therefore \triangle PCD=10(cm^2)$

15 직사각형의 성질

1 답 (1) 13 (2) 5 (3) 2 (4) 30 (5) 50

2 답 (1) 180, 90, 90, 90, 직사각형
(2) $\overline{DC}$, SSS, $\angle C$, $\angle D$, 직사각형

3 답 (1) × (2) ○ (3) ○ (4) × (5) × (6) ○

4 답 $x=80$, $y=3$

$\triangle OBC$에서 $\overline{OB}=\overline{OC}$이므로 $\angle OBC=\angle OCB=50^\circ$

즉, $\angle BOC=180^\circ-(50^\circ+50^\circ)=80^\circ$ $\therefore x=80$

또 $\overline{OA}=\overline{OD}$이므로 $3y=4y-3$ $\therefore y=3$

5 답 16 cm

$\overline{OC}=\overline{OD}=\frac{1}{2}\overline{AC}=\frac{1}{2}\times10=5(cm)$

또 $\overline{CD}=\overline{AB}=6\,cm$

$\therefore$ ($\triangle OCD$의 둘레의 길이)$=5+6+5=16(cm)$

16 마름모의 성질

1 답 (1) $x=7$, $y=7$ (2) $x=4$, $y=10$ (3) $x=1$, $y=5$
(4) $x=30$, $y=120$ (5) $x=61$, $y=90$

2 답 (1) $\overline{DC}$, $\overline{AD}$, $\overline{DC}$, $\overline{AD}$, 마름모
(2) $\overline{DO}$, $\angle AOD$, SAS, $\overline{AD}$, $\overline{AD}$, 마름모

3 답 (1) × (2) ○ (3) ○ (4) × (5) ○ (6) ○

4 답 $x=8$, $y=25$
$\overline{CD}=\overline{BC}=8\,cm$ $\therefore x=8$
$\angle ACD=\angle BAC=65^\circ$ (엇각)
이때 $\angle DOC=90^\circ$이므로 $\triangle DOC$에서
$\angle ODC=180^\circ-(90^\circ+65^\circ)=25^\circ$ $\therefore y=25$

5 답 ③
③ $\overline{AC}=2\overline{AO}=2\times6=12(cm)$
이때 $\overline{BD}$의 길이는 알 수 없다.

17 정사각형의 성질

1 답 (1) $x=10$, $y=12$ (2) $x=8$, $y=16$ (3) $x=5$, $y=90$
(4) $x=45$, $y=45$ (5) $x=2$, $y=4$

2 답 (1) 10 (2) 90 (3) 45

3 답 (1) 90 (2) 12 (3) 7

4 답 (1) ㄱ, ㄷ, ㅁ (2) ㄴ, ㄹ, ㅂ

5 답 48
$\overline{OA}=\overline{OD}$이므로 $7=2x+1$, $2x=6$ $\therefore x=3$
$\angle ABC=90^\circ$이므로 $\angle ABO=90^\circ-45^\circ=45^\circ$ $\therefore y=45$
$\therefore x+y=3+45=48$

6 답 ⑤
ㄱ. 평행사변형 ABCD가 직사각형이 되는 조건이다.
ㅁ. 평행사변형 ABCD가 직사각형이 되는 조건이다.
따라서 평행사변형 ABCD가 정사각형이 되는 조건은 ㄴ, ㄷ, ㄹ 이다.

18 등변사다리꼴의 성질

1 답 (1) 7 (2) 6 (3) 3 (4) 5

2 답 (1) 55° (2) 140° (3) 50° (4) 23°

3 답 (1) × (2) ○ (3) ○ (4) ○ (5) ○ (6) × (7) × (8) ○

4 답 3 cm
$\overline{AC}=\overline{BD}$이므로 $5x=2x+3$, $3x=3$ $\therefore x=1$
이때 $\overline{CD}=3x=3\times1=3(cm)$이므로 $\overline{AB}=\overline{CD}=3\,cm$

5 답 36°
$\angle ADB=\angle DBC=\angle x$ (엇각)이고
$\triangle ABD$에서 $\overline{AB}=\overline{AD}$이므로 $\angle ABD=\angle ADB=\angle x$
이때 $\angle ABC=\angle C$이므로 $2\angle x=72^\circ$ $\therefore \angle x=36^\circ$

19 여러 가지 사각형 사이의 관계

1 답 (1) ○ (2) × (3) × (4) ○ (5) ○ (6) × (7) ○ (8) ○

2 답 (1) ㄴ, ㄹ, ㅂ (2) ㄷ, ㄹ, ㅁ, ㅂ (3) ㅁ, ㅂ (4) ㅁ, ㅂ
(5) ㅂ

3 답 (1) 직사각형 (2) 마름모 (3) 마름모 (4) 정사각형
(5) 정사각형 (6) 정사각형

4 답 ④
④ 이웃하는 두 변의 길이가 같거나 두 대각선이 직교해야 한다.

5 답 ③, ④

20 평행선과 넓이

1 답 (1) $\triangle DBC$ (2) $\triangle ACD$ (3) $\triangle DOC$ (4) 22 (5) 18

2 답 (1) 24 (2) 12 (3) 20 (4) 28

3 답 (1) 16 (2) 8 (3) 12 (4) 42

4 답 $12\,cm^2$
$\triangle ABD=\triangle ACD$이므로
$\triangle ABO=\triangle ABD-\triangle AOD=\triangle ACD-\triangle AOD$
$=18-6=12(cm^2)$

5 답 ⑤
$\triangle ABC:\triangle ADC=\overline{BC}:\overline{DC}=7:5$이므로
$\triangle ABC=\frac{7}{5}\triangle ADC=\frac{7}{5}\times35=49(cm^2)$

21 닮은 도형

1 답 (1) 점 E (2) 점 C (3) $\overline{EF}$ (4) $\overline{AC}$ (5) $\angle F$ (6) $\angle A$

2 답 (1) 점 G (2) 점 B (3) $\overline{EH}$ (4) $\overline{BC}$ (5) $\angle F$ (6) $\angle D$

3 답 (1) 점 C (2) $\overline{AB}$ (3) $\angle E$

4 답 (1) 점 A (2) $\overline{HG}$ (3) $\angle B$

5 답 ③

6 답 $\overline{KL}$, 면 GJKH

22 평면도형에서의 닮음의 성질

1 답 (1) $2:1$ (2) 4 (3) $30°$ (4) $50°$

2 답 (1) $3:2$ (2) 6 (3) 8 (4) 18 (5) $45°$ (6) $105°$

3 답 (1) $1:2$ (2) 12 (3) 18 (4) 39 (5) $140°$ (6) $60°$

4 답 ③

③ $\overline{BC}:\overline{EF}=5:3$에서 $10:\overline{EF}=5:3$

$5\overline{EF}=30$ $\therefore \overline{EF}=6(\text{cm})$

5 답 48 cm

$\overline{AB}:\overline{EF}=3:4$에서 $6:\overline{EF}=3:4$

$3\overline{EF}=24$ $\therefore \overline{EF}=8(\text{cm})$

또 $\overline{AD}:\overline{EH}=3:4$에서 $9:\overline{EH}=3:4$

$3\overline{EH}=36$ $\therefore \overline{EH}=12(\text{cm})$

따라서 □EFGH의 둘레의 길이는

$\overline{EF}+\overline{FG}+\overline{GH}+\overline{HE}=8+16+12+12$

$=48(\text{cm})$

23 입체도형에서의 닮음의 성질

1 답 (1) $5:8$ (2) 면 JNOK (3) $\frac{32}{5}$ (4) $\frac{15}{4}$

2 답 (1) $1:2$ (2) 면 GJKH (3) 7 (4) 10 (5) 8

3 답 (1) 8 (2) 28 (3) 12 (4) 48

4 답 $\frac{26}{3}$

두 직육면체의 닮음비는 $\overline{FG}:\overline{NO}=12:8=3:2$

$\overline{GH}:\overline{OP}=3:2$에서 $\overline{GH}:4=3:2$

$2\overline{GH}=12$ $\therefore \overline{GH}=6(\text{cm})$

$\therefore x=6$

$\overline{DH}:\overline{LP}=3:2$에서 $4:\overline{LP}=3:2$

$3\overline{LP}=8$ $\therefore \overline{LP}=\frac{8}{3}(\text{cm})$

$\therefore y=\frac{8}{3}$

$\therefore x+y=6+\frac{8}{3}=\frac{26}{3}$

5 답 (1) $3:5$ (2) 3 cm (3) $18\pi\text{ cm}^3$

(1) 두 원뿔의 닮음비는 높이의 비와 같으므로 $6:10=3:5$

(2) 작은 원뿔의 밑면의 반지름의 길이를 r cm라 하면

$r:5=3:5$ $\therefore r=3$

따라서 작은 원뿔의 밑면의 반지름의 길이는 3 cm이다.

(3) $\frac{1}{3}\times\pi\times3^2\times6=18\pi(\text{cm}^3)$

24 닮은 도형의 넓이의 비와 부피의 비

1 답 (1) $3:5$ (2) $3:5$ (3) $9:25$

2 답 (1) $4:5$ (2) $16:25$ (3) $64:125$

3 답 (1) $2:3$ (2) $2:3$ (3) $4:9$ (4) 21 (5) 12

4 답 (1) $3:4$ (2) $9:16$ (3) $27:64$ (4) 512 (5) 324

5 답 $\frac{16}{3}\text{ cm}^2$

$\triangle ABC$와 $\triangle DEF$의 닮음비가 $3:2$이므로 넓이의 비는

$3^2:2^2=9:4$

즉, $12:\triangle DEF=9:4$에서

$9\triangle DEF=48$ $\therefore \triangle DEF=\frac{16}{3}(\text{cm}^2)$

6 답 (1) $3:4$ (2) $27:64$ (3) 128 cm^3

(1) 두 직육면체 A와 B의 겉넓이의 비가 $9:16=3^2:4^2$이므로

두 직육면체 A와 B의 닮음비는 $3:4$

(2) 부피의 비는 $3^3:4^3=27:64$

(3) 직육면체 B의 부피를 $x\text{ cm}^3$라 하면

$54:x=27:64$에서

$27x=3456$ $\therefore x=128$

따라서 직육면체 B의 부피는 128 cm^3이다.

25 삼각형의 닮음 조건

1 답 (1) 9, 2, 3 (2) $\frac{27}{2}$, 2, 3 (3) 8, 12, 2, 3
(4) 대응변, △DFE, SSS

2 답 (1) △EFD, 6, 1, 2, $\overline{BC}$, 4, 1, 2, $\overline{ED}$, 10, 1, 2, △EFD, SSS
(2) △EDF, 3, 2, $\overline{EF}$, 6, 3, 2, 60°, △EDF, SAS
(3) △EDF, E, 45°, D, 70°, △EDF, AA

3 답 (1) ○ (2) × (3) × (4) ○ (5) ×

4 답 (1) △ABC∽△OMN (2) △DEF∽△KJL
(3) △GHI∽△RPQ

(1) △ABC와 △OMN에서
$\overline{AB}:\overline{OM}=3:6=1:2$, $\overline{BC}:\overline{MN}=7:14=1:2$,
$\overline{AC}:\overline{ON}=5:10=1:2$
∴ △ABC∽△OMN (SSS 닮음)
(2) △DEF와 △KJL에서
$\overline{DE}:\overline{KJ}=4:8=1:2$, $\overline{EF}:\overline{JL}=6:12=1:2$,
$\angle E=\angle J=110°$
∴ △DEF∽△KJL (SAS 닮음)
(3) △GHI와 △RPQ에서
$\angle G=\angle R=55°$, $\angle H=\angle P=65°$
∴ △GHI∽△RPQ (AA 닮음)

26 삼각형의 닮음 조건의 응용

1 답 (1) △EDC, SAS 닮음 (2) △DBE, SAS 닮음
(3) △ADE, AA 닮음 (4) △DAB, SSS 닮음
(5) △AED, SAS 닮음 (6) △DEC, SAS 닮음
(7) △ACD, AA 닮음 (8) △ADB, AA 닮음
(9) △DBA, SAS 닮음

2 답 (1) △DBE, $x=\frac{50}{3}$ (2) △ADB, $x=8$
(3) △ACD, $x=8$ (4) △DAC, $x=\frac{16}{3}$

3 답 10 cm
△ABC와 △EBD에서
$\overline{AB}:\overline{EB}=(11+9):12=5:3$,
$\overline{BC}:\overline{BD}=(12+3):9=5:3$, ∠B는 공통
∴ △ABC∽△EBD (SAS 닮음)
즉, 닮음비는 5 : 3이므로
$\overline{AC}:\overline{ED}=5:3$에서 $\overline{AC}:6=5:3$
$3\overline{AC}=30$ ∴ $\overline{AC}=10$(cm)

4 답 $\frac{3}{2}$ cm
△ABC와 △EDC에서
$\angle A=\angle DEC$, ∠C는 공통
∴ △ABC∽△EDC (AA 닮음)
△ABC와 △EDC의 닮음비는
$\overline{AC}:\overline{EC}=(4+5):6=3:2$이므로
$\overline{BE}=x$ cm라 하면
$\overline{BC}:\overline{DC}=3:2$에서 $(x+6):5=3:2$
$2x+12=15$ ∴ $x=\frac{3}{2}$
∴ $\overline{BE}=\frac{3}{2}$ cm

27 직각삼각형의 닮음

1 답 (1) △EDC (2) 12

2 답 (1) △DEC (2) 3

3 답 (1) B, BDA, △DBA, AA
(2) C, ADC, △DAC, AA
(3) CDA, DCA, DCA, △DAC, AA

4 답 (1) AA, $\overline{CB}$, $\overline{AB}$, $\overline{DB}$, $\overline{CB}$, $x=8$
(2) AA, $\overline{BC}$, $\overline{AC}$, $\overline{DC}$, $\overline{BC}$, $x=\frac{18}{5}$
(3) AA, $\overline{DA}$, $\overline{DA}$, $\overline{DA}$, $\overline{DB}$, $\overline{DC}$, $x=\frac{49}{3}$

5 답 (1) 9 (2) 12
(1) $\overline{AC}^2=\overline{CD}\times\overline{CB}$이므로
$6^2=3\times(3+x)$, $36=9+3x$
$3x=27$ ∴ $x=9$
(2) $\overline{AB}^2=\overline{BD}\times\overline{BC}$이므로
$8^2=4\times(4+x)$, $64=16+4x$
$4x=48$ ∴ $x=12$

6 답 255 cm²
$\overline{AD}^2=\overline{DB}\times\overline{DC}$이므로 $\overline{AD}^2=9\times25=225$
이때 $\overline{AD}>0$이므로 $\overline{AD}=15$(cm)
∴ $\triangle ABC=\frac{1}{2}\times(9+25)\times15=255(\text{cm}^2)$

28 삼각형에서 평행선과 선분의 길이의 비

1 답 (1) $\frac{48}{5}$ (2) 12 (3) 2 (4) 12 (5) 24

2 답 (1) 9 (2) 4 (3) 2 (4) $\frac{63}{5}$ (5) $\frac{32}{3}$

3 답 (1) ○ (2) ○ (3) × (4) ○ (5) ×

4 답 $x=6$, $y=3$

$\overline{AD}:\overline{AB}=\overline{DE}:\overline{BC}$이므로

$4:(4+2)=x:9$, $6x=36$ $\quad\therefore x=6$

$\overline{AD}:\overline{DB}=\overline{AE}:\overline{EC}$이므로

$4:2=6:y$, $4y=12$ $\quad\therefore y=3$

5 답 18 cm

$\overline{AE}:\overline{EC}=\overline{AD}:\overline{DB}$이므로

$\overline{AE}:15=7:(7+14)$, $21\overline{AE}=105$ $\quad\therefore \overline{AE}=5(\text{cm})$

$\overline{AD}:\overline{AB}=\overline{DE}:\overline{BC}$이므로

$7:14=\overline{DE}:12$, $14\overline{DE}=84$ $\quad\therefore \overline{DE}=6(\text{cm})$

$\therefore$ (△ADE의 둘레의 길이)$=7+6+5=18(\text{cm})$

29 삼각형의 각의 이등분선

1 답 ∠ACE, ∠ACE, $\overline{AC}$, $\overline{DC}$

2 답 (1) 12 (2) 6 (3) 3 (4) 9

3 답 (1) 5 (2) 7 (3) 5 (4) $\frac{5}{2}$

4 답 6 cm

$\overline{AB}:\overline{AC}=\overline{BD}:\overline{CD}$이므로

$12:\overline{AC}=6:3$, $6\overline{AC}=36$ $\quad\therefore \overline{AC}=6(\text{cm})$

5 답 6

$\overline{AB}:\overline{AC}=\overline{BD}:\overline{CD}$이므로

$15:\overline{AC}=6:4$, $6\overline{AC}=60$ $\quad\therefore \overline{AC}=10(\text{cm})$

또 $\overline{BC}:\overline{BA}=\overline{CE}:\overline{AE}$이므로

$(6+4):15=(10-x):x$, $10x=150-15x$

$25x=150$ $\quad\therefore x=6$

30 삼각형의 두 변의 중점을 연결한 선분의 성질

1 답 (1) 5 (2) 6 (3) 7 (4) 18

2 답 (1) 4 (2) 6 (3) 9 (4) 20 (5) $\frac{7}{2}$ (6) 8 (7) 10 (8) 4

3 답 17

$\overline{AM}=\overline{MB}$, $\overline{MN}/\!/\overline{BC}$이므로

$\overline{BC}=2\overline{MN}=2\times5=10(\text{cm})$ $\quad\therefore x=10$

$\overline{NC}=\frac{1}{2}\overline{AC}=\frac{1}{2}\times14=7(\text{cm})$ $\quad\therefore y=7$

$\therefore x+y=10+7=17$

4 답 16 cm

$\overline{AE}=12-6=6(\text{cm})$

즉, $\overline{AD}=\overline{DB}$, $\overline{AE}=\overline{EC}$이므로

$\overline{DE}=\frac{1}{2}\overline{BC}=\frac{1}{2}\times14=7(\text{cm})$

$\therefore$ (△ADE의 둘레의 길이)$=3+7+6=16(\text{cm})$

31 삼각형의 두 변의 중점을 연결한 선분의 성질의 응용

1 답 (1) 5, 3, 4, 12 (2) 4, 6, 6, 16 (3) 8, 5, 7, 20

2 답 (1) 6, 4, 10 (2) 10, 7, 17 (3) 8, 5, 13

3 답 (1) 10, 6, 4 (2) 7, 4, 3 (3) $\frac{15}{2}$, $\frac{7}{2}$, 4

4 답 25 cm

$\overline{DE}=\frac{1}{2}\overline{AC}=\frac{1}{2}\times20=10(\text{cm})$

$\overline{EF}=\frac{1}{2}\overline{AB}=\frac{1}{2}\times12=6(\text{cm})$

$\overline{FD}=\frac{1}{2}\overline{BC}=\frac{1}{2}\times18=9(\text{cm})$

$\therefore$ (△DEF의 둘레의 길이)$=10+6+9=25(\text{cm})$

5 답 10 cm

$\overline{AD}/\!/\overline{BC}$, $\overline{AM}=\overline{MB}$, $\overline{DN}=\overline{NC}$이므로 $\overline{AD}/\!/\overline{MN}/\!/\overline{BC}$

△ABC에서 $\overline{AM}=\overline{MB}$, $\overline{MQ}/\!/\overline{BC}$이므로

$\overline{MQ}=\frac{1}{2}\overline{BC}=\frac{1}{2}\times16=8(\text{cm})$

$\therefore \overline{MP}=\overline{MQ}-\overline{PQ}=8-3=5(\text{cm})$

△ABD에서 $\overline{AM}=\overline{MB}$, $\overline{AD}/\!/\overline{MP}$이므로

$\overline{AD}=2\overline{MP}=2\times5=10(\text{cm})$

32 평행선 사이의 선분의 길이의 비

1 답 (1) $\frac{15}{2}$ (2) 20 (3) 25 (4) 20

2 답 (1) 12 (2) 12 (3) 15 (4) $\frac{35}{2}$

3 답 (1) 7, 4, 6, 10 (2) 5, 2, 6, 8 (3) 5, 6, 11

4 답 $x=10$, $y=18$

$3:6=5:x$에서 $3x=30$ $\therefore x=10$

$6:(3+6)=12:y$에서 $6y=108$ $\therefore y=18$

5 답 (1) $x=5$, $y=12$ (2) $x=14$, $y=2$

(1) $\overline{GF}=\overline{HC}=\overline{AD}=5\,\text{cm}$ $\therefore x=5$

$\triangle ABH$에서 $\overline{AE}:\overline{AB}=\overline{EG}:\overline{BH}$이므로

$6:(6+8)=3:(y-5)$

$6(y-5)=42$, $6y=72$ $\therefore y=12$

(2) $\triangle ABC$에서 $\overline{AE}:\overline{AB}=\overline{EG}:\overline{BC}$이므로

$5:(5+2)=10:x$, $5x=70$ $\therefore x=14$

$\overline{AD}\,/\!/\,\overline{EF}\,/\!/\,\overline{BC}$이므로

$\overline{CF}:\overline{CD}=\overline{BE}:\overline{BA}=2:(2+5)=2:7$

$\triangle ACD$에서 $\overline{CF}:\overline{CD}=\overline{GF}:\overline{AD}$이므로

$2:7=y:7$ $\therefore y=2$

33 삼각형의 무게중심

1 답 (1) 10 (2) 8

2 답 (1) 5 (2) 16 (3) 3 (4) 4 (5) 8 (6) 12

3 답 (1) $x=6$, $y=10$ (2) $x=7$, $y=9$ (3) $x=5$, $y=12$
(4) $x=16$, $y=18$

4 답 39 cm

$\overline{AG}:\overline{GD}=2:1$이므로 $\overline{AG}=\frac{2}{3}\overline{AD}=\frac{2}{3}\times 36=24(\text{cm})$

$\overline{BG}:\overline{GE}=2:1$이므로 $\overline{GE}=\frac{1}{2}\overline{BG}=\frac{1}{2}\times 30=15(\text{cm})$

$\therefore \overline{AG}+\overline{GE}=24+15=39(\text{cm})$

5 답 (1) 2 (2) 36

(1) 점 G는 $\triangle ABC$의 무게중심이므로 $\overline{AG}:\overline{GD}=2:1$

$\therefore \overline{GD}=\frac{1}{3}\overline{AD}=\frac{1}{3}\times 18=6(\text{cm})$

이때 점 G′은 $\triangle GBC$의 무게중심이므로 $\overline{GG'}:\overline{G'D}=2:1$

$\therefore \overline{G'D}=\frac{1}{3}\overline{GD}=\frac{1}{3}\times 6=2(\text{cm})$

$\therefore x=2$

(2) 점 G′은 $\triangle GBC$의 무게중심이므로 $\overline{GG'}:\overline{GD}=2:1$

$\therefore \overline{GD}=\frac{3}{2}\overline{GG'}=\frac{3}{2}\times 12=18(\text{cm})$

이때 점 G는 $\triangle ABC$의 무게중심이므로 $\overline{AG}:\overline{GD}=2:1$

$\therefore \overline{AG}=2\overline{GD}=2\times 18=36(\text{cm})$

$\therefore x=36$

34 삼각형의 무게중심과 넓이

1 답 (1) 5 (2) 10 (3) 10 (4) 10 (5) 10 (6) 15

2 답 (1) 4 (2) 8 (3) 24 (4) 8 (5) 8 (6) 12

3 답 $8\,\text{cm}^2$

$\triangle AEG=\frac{1}{6}\triangle ABC=\frac{1}{6}\times 48=8(\text{cm}^2)$

4 답 $9\,\text{cm}^2$

$\triangle ABD=3\triangle AFG=3\triangle GCE=3\times 3=9(\text{cm}^2)$

35 삼각형의 무게중심의 응용

1 답 (1) 18, 12 (2) 8, 6 (3) 9, $\frac{9}{2}$

2 답 (1) 12, 8 (2) 6, 3 (3) 15, $\frac{15}{2}$

3 답 (1) 2, 1, 3, 4, 4, 3, $\frac{8}{3}$ (2) 2, 1, 6, 6, 6, 2, 4

4 답 28

$\overline{CG}:\overline{GE}=2:1$이므로

$\overline{GC}=2\overline{GE}=2\times 8=16(\text{cm})$ $\therefore x=16$

또 $\triangle BCE$에서 $\overline{BD}=\overline{DC}$, $\overline{CE}\,/\!/\,\overline{DF}$이므로

$\overline{DF}=\frac{1}{2}\overline{CE}=\frac{1}{2}\times(16+8)=12(\text{cm})$ $\therefore y=12$

$\therefore x+y=16+12=28$

5 답 $x=8$, $y=18$

$\overline{BD}=\overline{AD}=12\,\text{cm}$이고

$\triangle CDB$에서 $\overline{GF}:\overline{DB}=\overline{CG}:\overline{CD}$이므로

$x:12=2:3$, $3x=24$ $\therefore x=8$

또 $\overline{CG}:\overline{GD}=2:1$이므로

$\overline{CD}=3\overline{GD}=3\times 6=18(\text{cm})$ $\therefore y=18$

36 피타고라스 정리

1 답 (1) 8, $x=10$ (2) 8, 17, $x=15$ (3) x, 5, $x=3$

2 답 (1) 20 (2) 15 (3) 25 (4) 17

3 답 (1) 12 (2) 8 (3) 24 (4) 12

4 답 16 cm

$\overline{BC}^2=20^2-12^2=256$

이때 $\overline{BC}>0$이므로 $\overline{BC}=16(cm)$

5 답 $x=5$, $y=4$

$\triangle DBC$에서 $x^2=13^2-12^2=25$

이때 $x>0$이므로 $x=5$

또 $\triangle ABD$에서 $y^2=5^2-3^2=16$

이때 $y>0$이므로 $y=4$

37 피타고라스 정리의 응용

1 답 (1) $x=12$, $y=15$ (2) $x=12$, $y=13$ (3) $x=12$, $y=20$ (4) $x=8$, $y=17$

2 답 (1) $x=6$, $y=17$ (2) $x=12$, $y=20$ (3) $x=15$, $y=17$ (4) $x=12$, $y=15$

3 답 (1) 25, 15 (2) 9, 12, 12 (3) 6, 8, 8

4 답 36 cm

$\triangle ABD$에서 $\overline{AD}^2=13^2-5^2=144$

이때 $\overline{AD}>0$이므로 $\overline{AD}=12(cm)$

또 $\triangle ADC$에서 $\overline{DC}^2=15^2-12^2=81$

이때 $\overline{DC}>0$이므로 $\overline{DC}=9(cm)$

$\therefore$ ($\triangle ADC$의 둘레의 길이)$=12+9+15=36(cm)$

5 답 4 cm

오른쪽 그림과 같이 꼭짓점 D에서 $\overline{BC}$에 내린 수선의 발을 H라 하면

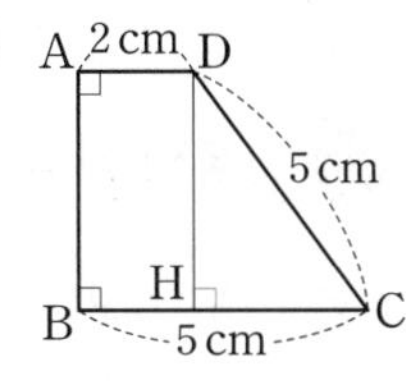

$\overline{BH}=\overline{AD}=2$ cm이므로

$\overline{CH}=\overline{BC}-\overline{BH}=5-2=3(cm)$

$\triangle DHC$에서 $\overline{DH}^2=5^2-3^2=16$

이때 $\overline{DH}>0$이므로 $\overline{DH}=4(cm)$

$\therefore \overline{AB}=\overline{DH}=4$ cm

따라서 사다리꼴의 높이는 4 cm이다.

38 피타고라스 정리의 확인(1) – 유클리드의 방법

1 답 (1) 86 (2) 80 (3) 28

2 답 (1) 9 (2) 64 (3) $\frac{9}{2}$ (4) 18 (5) 50 (6) 72

3 답 5 cm

$\square BFGC=\square ADEB+\square ACHI=16+9=25(cm^2)$

즉, $\square BFGC=\overline{BC}^2=25$

이때 $\overline{BC}>0$이므로 $\overline{BC}=5(cm)$

4 답 $\frac{25}{2}$ cm²

$\triangle ABC$에서 $\overline{AC}^2=13^2-12^2=25$

이때 $\overline{AC}>0$이므로 $\overline{AC}=5(cm)$

$\therefore \triangle AGC=\triangle HBC=\triangle HAC=\frac{1}{2}\square ACHI$

$=\frac{1}{2}\times5^2=\frac{25}{2}(cm^2)$

39 피타고라스 정리의 확인(2) – 피타고라스의 방법

1 답 (1) 8, 164 (2) 4, 97 (3) 15, 289

2 답 (1) 3, 25 (2) 24, 676 (3) 4, 52

3 답 (1) 10, 6 (2) 17, 8 (3) 13, 12

4 답 225 cm²

$\overline{AH}=\overline{AD}-\overline{DH}=21-12=9(cm)$이므로

$\triangle AEH$에서 $\overline{EH}^2=9^2+12^2=225$

$\therefore \square EFGH=\overline{EH}^2=225(cm^2)$

5 답 784 cm²

$\square EFGH=400$ cm²이므로 $\overline{EF}^2=400$

이때 $\overline{EF}>0$이므로 $\overline{EF}=20(cm)$

$\triangle EBF$에서 $\overline{EB}^2=20^2-16^2=144$

이때 $\overline{EB}>0$이므로 $\overline{EB}=12(cm)$

$\therefore \overline{AB}=\overline{AE}+\overline{EB}=16+12=28(cm)$

$\therefore \square ABCD=\overline{AB}^2=28^2=784(cm^2)$

40 직각삼각형이 되기 위한 조건

1 답 (1) ○ (2) × (3) ○ (4) ○ (5) × (6) ○

2 답 (1) 13 (2) 15 (3) 17 (4) 25 (5) 26 (6) 25

3 답 (1) 둔각삼각형 (2) 예각삼각형 (3) 예각삼각형
(4) 둔각삼각형 (5) 직각삼각형 (6) 예각삼각형

4 답 ④
④ $6^2+8^2=10^2$이므로 직각삼각형이다.

5 답 ②, ③
② $a^2>b^2+c^2$이면 △ABC는 둔각삼각형이다.
③ $a^2<b^2+c^2$이면 △ABC는 예각삼각형이다.

41 피타고라스 정리의 활용

1 답 (1) 22π (2) 52π (3) 25π (4) 8π

2 답 (1) 28 (2) 22 (3) 22 (4) 20

3 답 (1) $\frac{15}{2}\pi$ (2) 24π (3) 24 (4) 30

4 답 $25\pi\,\text{cm}^2$
$P+Q+R=2R=2\times\left(\frac{1}{2}\times\pi\times5^2\right)=25\pi(\text{cm}^2)$

5 답 $192\,\text{cm}^2$
△ABC에서 $\overline{AC}^2=20^2-16^2=144$
이때 $\overline{AC}>0$이므로 $\overline{AC}=12(\text{cm})$
∴ (색칠한 부분의 넓이)$=2$△ABC
$=2\times\left(\frac{1}{2}\times16\times12\right)=192(\text{cm}^2)$

42 경우의 수

1 답 (1) 3 (2) 2 (3) 3 (4) 3 (5) 2 (6) 2

2 답 (1) 5 (2) 2 (3) 4 (4) 2 (5) 6 (6) 5

3 답 (1) 1 (2) 2 (3) 2

4 답 (1) 3 (2) 8 (3) 9

5 답 4
15의 약수가 적힌 공이 나오는 경우는 1, 3, 5, 15이므로 구하는 경우의 수는 4이다.

6 답 2
서로 같은 면이 나오는 경우를 순서쌍으로 나타내면 (앞면, 앞면), (뒷면, 뒷면)이므로 구하는 경우의 수는 2이다.

43 사건 A 또는 사건 B가 일어나는 경우의 수

1 답 (1) 5 (2) 7 (3) 9 (4) 7 (5) 10 (6) 9

2 답 (1) 4, 6, 4, 6, 10 (2) 9 (3) 6 (4) 13

3 답 (1) 2, 5, 2, 5, 7 (2) 4 (3) 16 (4) 6

4 답 12
$5+7=12$

5 답 9
소수가 적힌 카드가 나오는 경우는 2, 3, 5, 7, 11, 13의 6가지
4의 배수가 적힌 카드가 나오는 경우는 4, 8, 12의 3가지
따라서 구하는 경우의 수는 $6+3=9$

44 사건 A와 사건 B가 동시에 일어나는 경우의 수

1 답 (1) 6 (2) 12 (3) 15 (4) 8 (5) 15 (6) 24

2 답 (1) 2, 3, 2, 3, 6 (2) 8 (3) 12

3 답 (1) 4, 2, 4, 2, 8 (2) 6 (3) 6 (4) 9

4 답 9
$3\times3=9$

5 답 6
동전 2개에서 서로 같은 면이 나오는 경우를 순서쌍으로 나타내면 (앞면, 앞면), (뒷면, 뒷면)의 2가지이고, 주사위에서 소수의 눈이 나오는 경우는 2, 3, 5의 3가지이므로 구하는 경우의 수는
$2\times3=6$

45 경우의 수의 응용(1) – 한 줄로 세우기

1 답 (1) 6 (2) 24 (3) 120 (4) 720

2 답 (1) 6 (2) 24 (3) 20 (4) 120

3 답 (1) 24 (2) 24 (3) 24 (4) 6

4 답 (1) 2, 2, 2, 2, 4　(2) 12　(3) 48　(4) 36

5 답 60

$5\times4\times3=60$

6 답 12

부모님을 한 명으로 생각하여 3명을 한 줄로 세우는 경우의 수는 $3\times2\times1=6$

이때 부모님끼리 자리를 바꾸는 경우의 수는 $2\times1=2$

따라서 구하는 경우의 수는 $6\times2=12$

46 경우의 수의 응용(2) – 자연수 만들기

1 답 (1) 3, 2, 3, 2, 6　(2) 12개　(3) 20개　(4) 30개

2 답 (1) 2, 2, 2, 2, 4　(2) 9개　(3) 16개　(4) 25개

3 답 (1) 24개　(2) 60개　(3) 120개　(4) 18개　(5) 48개　(6) 100개

4 답 (1) 25개　(2) 100개

(1) 십의 자리에 올 수 있는 숫자는 0을 제외한 5개, 일의 자리에 올 수 있는 숫자는 십의 자리의 숫자를 제외한 5개이므로 만들 수 있는 두 자리의 자연수의 개수는 $5\times5=25$(개)

(2) 백의 자리에 올 수 있는 숫자는 0을 제외한 5개, 십의 자리에 올 수 있는 숫자는 백의 자리의 숫자를 제외한 5개, 일의 자리에 올 수 있는 숫자는 백의 자리와 십의 자리의 숫자를 제외한 4개이므로 만들 수 있는 세 자리의 자연수의 개수는 $5\times5\times4=100$(개)

5 답 12개

십의 자리에 올 수 있는 숫자는 3, 4, 5의 3개, 일의 자리에 올 수 있는 숫자는 십의 자리의 숫자를 제외한 4개이므로 만들 수 있는 31 이상인 자연수의 개수는 $3\times4=12$(개)

47 경우의 수의 응용(3) – 대표 뽑기

1 답 (1) 5, 4, 5, 4, 20　(2) 5, 4, 3, 5, 4, 3, 60

2 답 (1) 12　(2) 24

3 답 (1) 5, 4, 10　(2) 5, 4, 3, 10

4 답 (1) 6　(2) 4

5 답 (1) 20　(2) 60　(3) 10　(4) 10　(5) 6　(6) 30

6 답 42

$7\times6=42$

7 답 20

$\frac{6\times5\times4}{3\times2\times1}=20$

48 확률

1 답 (1) 5, 3, $\frac{3}{5}$　(2) $\frac{4}{7}$

2 답 (1) 10, 5, $\frac{1}{2}$　(2) $\frac{2}{5}$

3 답 (1) 4, 2, $\frac{1}{2}$　(2) $\frac{1}{4}$　(3) $\frac{1}{2}$　(4) $\frac{1}{2}$

4 답 (1) 36, 4, $\frac{1}{9}$　(2) $\frac{1}{6}$　(3) $\frac{2}{9}$　(4) $\frac{1}{12}$

5 답 $\frac{2}{5}$

$\frac{4}{10}=\frac{2}{5}$

6 답 $\frac{3}{8}$

모든 경우의 수는 $2\times2\times2=8$

앞면이 1개, 뒷면이 2개 나오는 경우는 (앞면, 뒷면, 뒷면), (뒷면, 앞면, 뒷면), (뒷면, 뒷면, 앞면)의 3가지

따라서 구하는 확률은 $\frac{3}{8}$

49 확률의 성질

1 답 (1) 0　(2) 0　(3) 1　(4) 1　(5) 0　(6) 1

2 답 (1) $\frac{1}{3}$, $\frac{1}{3}$, $\frac{2}{3}$　(2) $\frac{2}{5}$　(3) $\frac{4}{7}$　(4) $\frac{13}{15}$

3 답 (1) $\frac{1}{4}$, $\frac{1}{4}$, $\frac{3}{4}$　(2) $\frac{7}{8}$　(3) $\frac{3}{4}$　(4) $\frac{3}{4}$

4 답 ②, ⑤

② 0이 적힌 구슬이 나오는 경우는 없으므로 그 확률은 0이다.

⑤ 항상 10 이하의 수가 적힌 구슬이 나오므로 그 확률은 1이다.

5 답 $\frac{11}{12}$

모든 경우의 수는 $6\times6=36$

두 눈의 수의 합이 10 초과인 경우는 (5, 6), (6, 5), (6, 6)의 3가지이므로 그 확률은 $\frac{3}{36}=\frac{1}{12}$

∴ (두 눈의 수의 합이 10 이하일 확률)

$=1-$(두 눈의 수의 합이 10 초과일 확률)

$=1-\frac{1}{12}=\frac{11}{12}$

50 사건 A 또는 사건 B가 일어날 확률

1 답 (1) $\frac{1}{4}$, $\frac{1}{3}$, $\frac{1}{4}$, $\frac{1}{3}$, $\frac{7}{12}$ (2) $\frac{2}{3}$ (3) $\frac{3}{4}$

2 답 (1) $\frac{3}{10}$, $\frac{1}{5}$, $\frac{3}{10}$, $\frac{1}{5}$, $\frac{1}{2}$ (2) $\frac{1}{2}$ (3) $\frac{3}{10}$ (4) $\frac{1}{2}$

3 답 (1) $\frac{5}{36}$, $\frac{1}{18}$, $\frac{5}{36}$, $\frac{1}{18}$, $\frac{7}{36}$ (2) $\frac{7}{36}$ (3) $\frac{2}{9}$ (4) $\frac{1}{3}$

4 답 $\frac{7}{12}$

모든 경우의 수는 12

소수가 적힌 카드가 나오는 경우는 2, 3, 5, 7, 11의 5가지이므로 그 확률은 $\frac{5}{12}$, 6의 배수가 적힌 카드가 나오는 경우는 6, 12의 2가지이므로 그 확률은 $\frac{2}{12}$

따라서 구하는 확률은 $\frac{5}{12}+\frac{2}{12}=\frac{7}{12}$

5 답 $\frac{2}{5}$

모든 경우의 수는 $5\times4\times3\times2\times1=120$

B가 맨 앞에 서는 경우의 수는 $4\times3\times2\times1=24$이므로

그 확률은 $\frac{24}{120}$

D가 맨 앞에 서는 경우의 수는 $4\times3\times2\times1=24$이므로

그 확률은 $\frac{24}{120}$

따라서 구하는 확률은 $\frac{24}{120}+\frac{24}{120}=\frac{48}{120}=\frac{2}{5}$

51 사건 A와 사건 B가 동시에 일어날 확률

1 답 (1) $\frac{5}{7}$, $\frac{3}{8}$, $\frac{5}{7}$, $\frac{3}{8}$, $\frac{15}{56}$ (2) $\frac{5}{28}$ (3) $\frac{3}{28}$ (4) $\frac{25}{56}$

2 답 (1) $\frac{1}{2}$, $\frac{1}{3}$, $\frac{1}{2}$, $\frac{1}{3}$, $\frac{1}{6}$ (2) $\frac{1}{3}$ (3) $\frac{1}{4}$ (4) $\frac{1}{4}$

3 답 (1) $\frac{1}{2}$, $\frac{1}{2}$, $\frac{1}{2}$, $\frac{1}{2}$, $\frac{1}{4}$ (2) $\frac{1}{4}$ (3) $\frac{1}{3}$ (4) $\frac{1}{6}$

4 답 $\frac{1}{4}$

서로 다른 두 개의 동전을 던질 때, 모든 경우의 수는 $2\times2=4$

이때 서로 다른 면이 나오는 경우는

(앞면, 뒷면), (뒷면, 앞면)의 2가지이므로 그 확률은 $\frac{2}{4}=\frac{1}{2}$

한 개의 주사위를 던질 때, 모든 경우의 수는 6

주사위에서 4보다 작은 눈이 나오는 경우는 1, 2, 3의 3가지이므로 그 확률은 $\frac{3}{6}=\frac{1}{2}$

따라서 구하는 확률은 $\frac{1}{2}\times\frac{1}{2}=\frac{1}{4}$

5 답 (1) $\frac{1}{2}$ (2) $\frac{3}{40}$ (3) $\frac{3}{10}$

(1) $\frac{4}{5}\times\frac{5}{8}=\frac{1}{2}$

(2) $\left(1-\frac{4}{5}\right)\times\left(1-\frac{5}{8}\right)=\frac{3}{40}$

(3) A문제는 풀고 B문제는 풀지 못할 확률이므로

$\frac{4}{5}\times\left(1-\frac{5}{8}\right)=\frac{3}{10}$

52 확률의 응용 – 연속하여 꺼내기

1 답 (1) $\frac{5}{7}$, 7, 5, $\frac{5}{7}$, $\frac{5}{7}$, $\frac{5}{7}$, $\frac{25}{49}$

(2) $\frac{5}{7}$, 6, 4, $\frac{2}{3}$, $\frac{5}{7}$, $\frac{2}{3}$, $\frac{10}{21}$

2 답 (1) $\frac{9}{100}$ (2) $\frac{49}{100}$ (3) $\frac{21}{100}$ (4) $\frac{21}{100}$

3 답 (1) $\frac{1}{15}$ (2) $\frac{7}{15}$ (3) $\frac{7}{30}$ (4) $\frac{7}{30}$

4 답 $\frac{2}{9}$

$\frac{2}{6}\times\frac{4}{6}=\frac{2}{9}$

5 답 $\frac{1}{3}$

$\frac{6}{10}\times\frac{5}{9}=\frac{1}{3}$